Helmut Göthel

UNTERWASSERFÜHRER MALEDIVEN

Niedere Tiere

Helmut Göthel

UNTERWASSERFÜHRER MALEDIVEN

Niedere Tiere

Delius Klasing
EDITION NAGLSCHMID

Die Deutsche Bibliothek – CIP-Einheitsaufnahme

Unterwasserführer Malediven = Underwater guide Maldives. –
Bielefeld: Delius Klasing; Stuttgart: Ed. Naglschmid.
Teilw. im Verl. Naglschmid, Stuttgart
NE: Underwater guide Maldives
Niedere Tiere = Invertebrates / von Helmut Göthel. – 1995 (Unterwasserführer; 11)
ISBN 3-89594-015-1
NE: Göthel, Helmut; GT

ISBN 3-89594-015-1

Herausgeber: Dr. Friedrich Naglschmid / MTi-Press, Stuttgart
Umschlaggestaltung: Buchholz / Hinsch / Hensinger, Hamburg
Titelfoto: Helmut Göthel / MTi-Press
Fotos: Keck, Michael: 201 o. Seufzenecker, Sepp: 29. Voigtmann, Herwarth: 28, 51 o. l., 113 u., 115 o., 121 o., 123 o. l. + r., 131 u., 143 o., 149, 151 o. + o. i., 151 u., 157 o. + u., 163 o. + u., 165 o., 177 o. + u., 183 u., 185, 187 o. + u., 199 u., 203, 229. Walker, Monique: 73 o., alle anderen Fotos vom Autor.
Zeichnungen: Stephanie Naglschmid / MTi-Press
Druck: Kunst- und Werbedruck, Bad Oeynhausen
Printed in Germany 1995

Dieses Buch wurde auf umweltschonendem, chlorfrei gebleichtem Papier gedruckt.

INHALT - CONTENTS

Zu diesem Buch

Für Saskia und Annika

Die einzigartige Schönheit und die nahezu unüberschaubare Artenfülle machen die Korallenriffe der Malediven für die meisten Taucher zu einem ihrer Traumziele. Dabei stehen bei vielen jedoch die auffälligen Korallenfische im Vordergrund und nicht die Baumeister der Korallenriffe, die Korallen, und die anderen zahllosen Niederen Tiere. Grund genug, in diesem Buch einen repräsentativen Querschnitt der häufigsten, attraktivsten und interessantesten Arten der Niederen Tiere vorzustellen.

An dieser Stelle möchte ich mich bei allen Tauchlehrern und Basisleitern bedanken, die mich fachkundig und geduldig durch ihre Tauchgebiete geführt haben. Mein besonderer Dank gilt dabei Daniela und Armin, die mir auf Helengeli eine Vielzahl der Aufnahmen dieses Buches ermöglicht haben. Bei Herrn Dr. Michael Türkay bedanke ich mich für die Bestimmung der Krebse. Mein größter Dank gilt jedoch meiner Ehefrau Silvia, die mir während der Entstehungsphase dieses Buches mit vollem Engagement und sehr viel Verständnis zur Seite gestanden hat.

Lorsbach im Taunus, Mai 1995
Helmut Göthel

Preface

The unsurpassed beauty and almost immeasurable wealth of species render the coral reefs of the Maldives one of the dream destinations for most divers. Nonetheless, many divers consider the magnificent coral fish as the main attraction and not the creators of these reefs, the corals, and the numerous other invertebrates – reason enough for introducing in this book a representative cross-section of the most prevalent, most attractive and most interesting species of invertebrates.

I would like to take this opportunity to express my gratitude to all those diving instructors and base managers who passed on their knowledge and guided me patiently through their underwater realm. In particular, I am greatly indebted to Daniela and Armin whose assistance on Helengeli has led to a great many of the photographs in this book. I also thank Dr Michael Türkay for the classification of the crustaceans. My greatest appreciation, however, is reserved for my wife Silvia for her untiring support and enormous patience during the compilation of this book.

Lorsbach/Taunus, May 1995
Helmut Göthel

GEBRAUCHSANLEITUNG

Erläuterung des Piktogramms

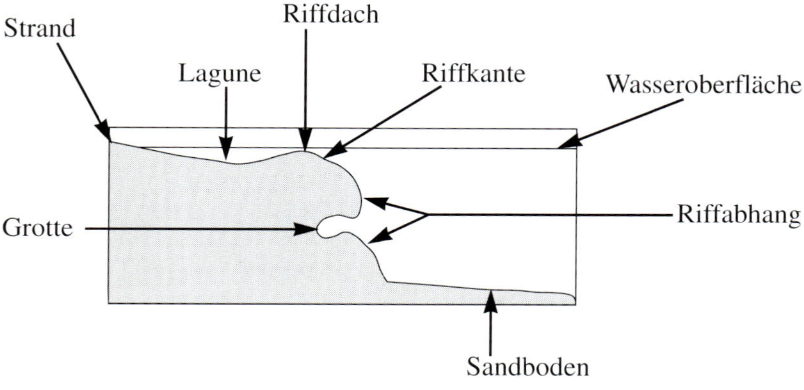

Im Piktogramm weisen ein oder mehrere kleine schwarze Pfeile auf den oder die bevorzugten Standorte der vorgestellten Tierart hin.

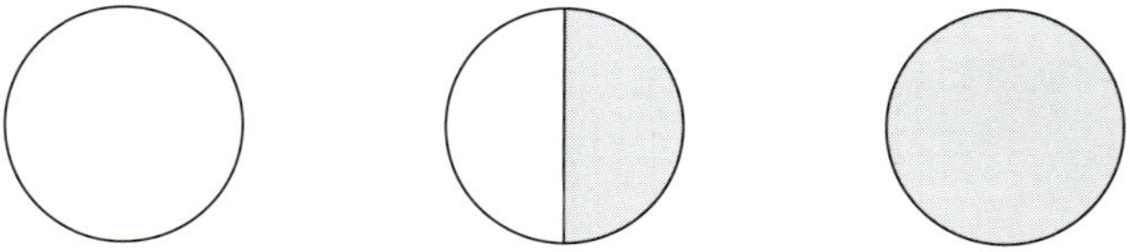

tag- | tag- und nacht- | nachtaktiv

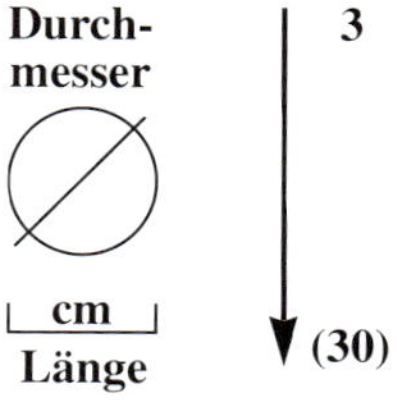

Ein (am oberen Ende und an der Spitze mit einer Meterangabe versehener) senkrechter Pfeil gibt an, in welchem Tiefenbereich sich die Tierart bevorzugt aufhält.
Eine an der Pfeilspitze in Klammern gesetzte (30) weist darauf hin, daß die beschriebene Tierart auch noch in größeren Tiefen als der für die Malediven zugelassenen maximalen Tauchtiefe von 30 m vorkommt.

HOW TO USE THIS BOOK

Explanation of the diagram

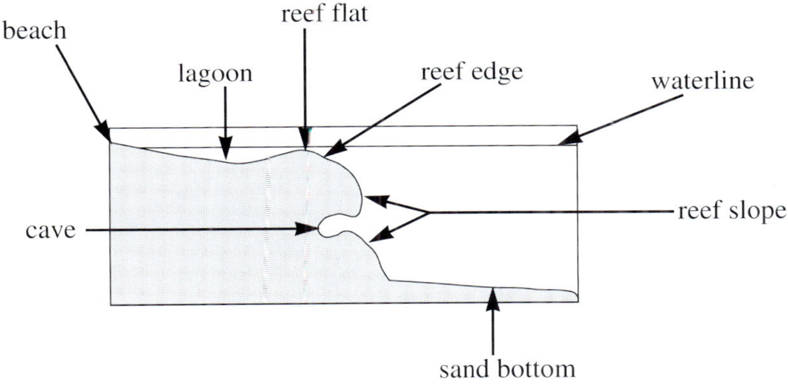

A single or several black arrows in the diagram indicate the preferred habitats of the species depicted.

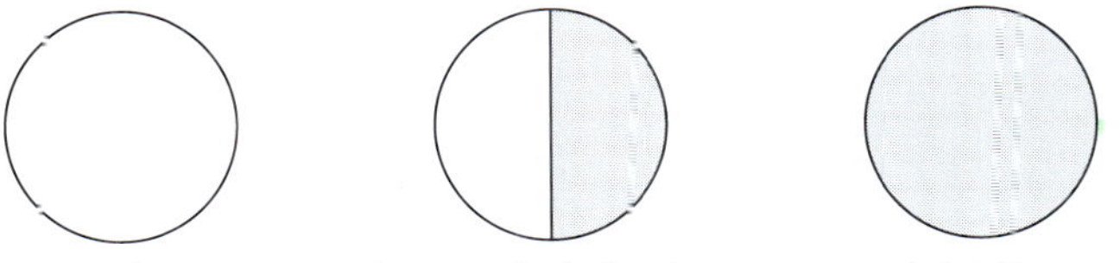

Activity: daytime | day- and night-time | night-time

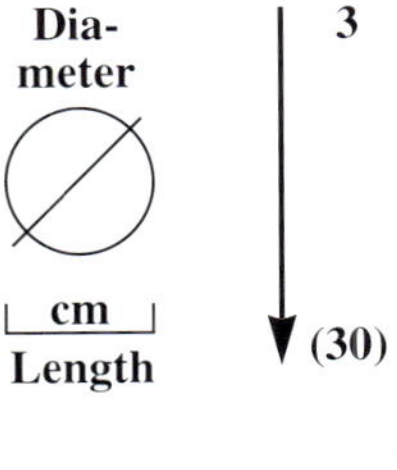

A vertical arrow with numbers at the top and at the point indicates the range of depth (in metres) within which the species are normaly found. The figure (30) in brackets at the tip of the arrow indicates that this species can also be found below the maximum diving depth of 30 metres permitted in the Maldives.

SCHWÄMME SPONGES PORIFERA

Bei den meisten Schwämmen liefern die Skelettnadeln die einzig sichere Möglichkeit zur genauen Artbestimmung. Aus diesem Grund werden an dieser Stelle nicht einige wenige, genau bestimmte Schwammarten der Malediven vorgestellt, sondern es soll ein Überblick über die Formenvielfalt der Arten gegeben werden.
Schwämme, die einen eigenen Tierstamm darstellen, sind schon seit dem Erdaltertum vor 600 Millionen Jahren in den Meeren zu finden. Heute sind sie weltweit mit rund 5.000 Arten in den Meeren vertreten. Sie wurden von Biologen bis zum Beginn des vorigen Jahrhunderts noch zu den Pflanzen gerechnet. Tatsächlich fehlen ihnen viele Merkmale, die für Tiere typisch sind. Sie besitzen weder Kopf noch Hinterteil. Die ausnahmslos sessilen Tiere lassen auf Reize, wie Berührung und sogar Verletzung, meist keine oder nur sehr schwache Reaktionen erkennen. Tatsächlich fehlen ihnen Sinnesorgane aller Art, und nicht einmal echte Nervenzellen gehören zu ihrer Grundausstattung. Auch echte Muskelzellen, Organe oder Gewebe fehlen ihnen völlig. Aufgrund dieser Tatsachen werden die Schwämme auch als Parazoa bezeichnet und allen anderen mehrzelligen Tieren, den sogenannten Eumetazoa, gegenübergestellt.

In the case of sponges, sceletal spicules offer the only possibility of a safe and exact identification of the species. For this reason we do not want to present a few, exactly identified Maldivian sponge species but want to give an overview of the numerous varieties.
The independent genus of sponges has been found in oceans since the Palaeozic era, 600 million years ago. Currently, they are represented by 5,000 species in all oceans. Until early in the last century, biologists classified them still as plants. They lack many typical animal characteristics. They have neither head nor abdomen. These entirely sessile animals generally react very little, if at all, to stimuli such as touch or even injury. They lack sensory organs of any kind and do not even have any real nerve cells. They completely lack any muscle cells, organs or tissue. Sponges are therefore also called Parazoans, in contrast to all other, multicellular animals, the so-called Metazoans. The shape of sponges depends on external factors, for instance, current and ground and can therefore be very different among individuals of the same species.

Unbest. Schwamm – unidentified sponge

SCHWÄMME SPONGES PORIFERA

Die Gestalt von Schwämmen ist von äußeren Faktoren, wie z. B. Strömung und Untergrund, abhängig und kann deshalb bei verschiedenen Individuen einer Art sehr unterschiedlich sein. Man kann das etwa vergleichen mit der Gestalt eines Baumes: Eine gewisse Grundform ist im Erbmaterial vorprogrammiert, aber die Hauptwindrichtung, die Bodenbeschaffenheit, das Nährstoffangebot und andere Faktoren bestimmen letztendlich das Erscheinungsbild. Zwischen der Gestalt eines Schwammes und seinem Standort lassen sich oft direkte Beziehungen nachweisen. Individuen, die in der Brandungszone oder in starker Strömung leben, bilden meist flache Polster und Krusten, die große Flächen überziehen und nur wenig in die Höhe wachsen. Aufrecht stehende Äste, Zweige und große Tierstöcke trifft man dagegen meist in ruhigeren Wasserzonen an. Die innerartliche Variabilität beschränkt sich jedoch nicht nur auf die Form. Auch die Färbung kann so unterschiedlich sein, daß die genaue Artbestimmung unter Wasser oder per Foto nur bei wenigen Arten möglich ist. Neben Wuchsform und Farbe können auch Konsistenz und Oberflächenstruktur wertvolle Hinweise auf die Artzugehörigkeit liefern. Die sichersten und oftmals auch einzigen Bestimmungsmerkmale stellen die Skelettnadeln und Hornfasern, das Skelett der Schwämme, dar.
Das Skelett, das von speziellen Zellen gebildet wird, setzt sich aus Kalk- und/oder Kieselnadeln zusammen, den Skleriten, die von speziellen Zellen, den Skleroblasten, gebildet werden. Ihre Form ist von Art zu Art unterschiedlich, bei Individuen einer Art jedoch konstant.

It can be compared with the shape of trees: A certain basic form is preprogrammed into the genotype but the prevailing wind, soil condition, nutrition offered and other factors influence the ultimate shape. Direct relationships can often be proved between the shape of a sponge and its location. Individuals living in splash zones or exposed to strong currents often form flat cushions or crusts which cover large areas but rarely grow upwards. In contrast, upright branches, twigs and large colonies are mostly to be found in temporate water zones. But the variety of these species is not only restricted to their form. Even the livery can have so many variations with most species that an exact underwater identification is impossible. Besides morphotype and colour, consistency and surface structure can also provide important indications for the identification of the species. The safest and usually the only characteristics for identification are the sceletal spicules and spongin fibres, the skeleton of sponges.
The skeleton, formed by special cells, consists of calcareous and / or siliceous spicules, sclerites, which are formed by special cells, scleroblasts. Their shapes vary from species to species but are constant with members of the same species.

Versch. unbest. Schwämme – different unidentified sponges

SCHWÄMME SPONGES PORIFERA

Dabei findet man bei einer Art meist verschiedene Nadeltypen vor. Die Größe dieser Skelettnadeln liegt bei wenigen Mikrometer Länge. Im allgemeinen werden sie kaum länger als 2–3 mm, aber auch bleistiftdicke Nadeln mit bis zu 3 m Länge, an deren Bildung viele tausend Skleroblasten beteiligt sind, konnten nachgewiesen werden. Aufgrund ihrer Artspezifität liefern die Sklerite wie schon eingangs erwähnt bei den meisten Schwämmen die einzig sichere Möglichkeit zur genauen Artbestimmung.
Ein Schwamm ist eigentlich nichts anderes als ein lebender Filter. Die Innenräume des Schwammkörpers stehen über unzählige kleine Kanäle mit Poren an der Oberfläche, den Ostiolen, und dadurch mit der Außenwelt in Verbindung. Sogenannte Kragengeißelzellen in den Innenräumen erzeugen einen ins Innere gerichteten Wasserstrom. Dort werden dem Wasser Sauerstoff und Nährstoffe entzogen und Kohlendioxid und andere Abfallstoffe zugeführt. Das verbrauchte Wasser wird durch eine gemeinsame Ausströmöffnung, das Osculum, wieder ins Freie befördert. Das Oscularrohr ragt dabei oft ein ganzes Stück in das freie Wasser. Durch diesen „Schornstein-Effekt" wird weitgehend vermieden, daß das verbrauchte Wasser erneut aufgenommen wird. Die selbst erzeugte Strömung macht viele Schwämme unabhängig von Wasserbewegungen, so daß sie auch im ruhigem Wasser, z. B. in den Tiefen und in Höhlen, zu finden sind.

But one species has a different type of spicules. These are extremely short. In general, they are no longer than 2-3 mm, however spicules of up to 3 m long and as thick as a pencil, to whose development many scleroblasts have contributed, have also been found. Because of their species specification, sclerites provide, as mentioned above, the only safe possibility of an exact identification of the species.
A sponge is really no more than a living filter. The internal cavities of the sponge are connected by numerous small canals with pores at the surface – the ostia – and therefore to the outside world. So-called collared-flagellate cells (choanocytes) generate in internal cavities a water flow, directed inwardly. Oxygen and nutrients are extracted there,.and carbon dioxide and other waste excreted. The waste water is excreted through a joint osculum. The oscular siphon often sticks into the water. This "chimney effect" prevents to a considerable extent the used water from being siphoned in again. Current, generated by many sponges, makes them independent of water movements. They can therefore also be found in still water, for instance, in deep water and caves.

Versch. unbest. Schwämme – different unidentified sponges

SCHWÄMME SPONGES PORIFERA

Schwämme sind meist Zwitter, wobei Samen und Eier eines Individuums zu verschiedenen Zeiten heranreifen. Die männlichen Samenzellen, die ins freie Wasser abgegeben werden, gelangen durch die von den Kragengeißelzellen erzeugte Wasserströmung in andere Schwämme, wo die Eizellen befruchtet werden. Erst die freischwimmenden Larven werden ins Meer entlassen, wo sie sich nach einer Phase im Plankton an einer geeigneten Stelle am festen Untergrund festsetzen und zum Schwamm entwickeln. Neben dieser geschlechtlichen Vermehrung können sich viele Schwämme auch ungeschlechtlich durch die Bildung von Brutknospen vermehren. Diese können sich entweder vom Muttertier lösen und zum eigenständigen Schwamm heranwachsen oder mit dem Muttertier verbunden bleiben und so Schwammkolonien bilden.
Schwämme haben aufgrund ihrer spitzen Sklerite vergleichsweise wenig Freßfeinde. Nur wenige Tierarten, vor allem einige Nacktschneckenarten, betrachten sie trotzdem als Leckerbissen. Andere Feinde mit wesentlich höherem Stellenwert sind sich epidemisch ausbreitende Krankheiten und Wasserverschmutzung, die innerhalb kurzer Zeit in großen Gebieten alle Schwämme zum Absterben bringen können. Übrig bleiben dann entweder nur die winzigen Sklerite oder, wie bei den Hornschwämmen, das komplette Hornskelett.

Sponges are mostly hermaphrodites but sperm and eggs of an individual mature at different times. The male sperm cells, excreted into open water, are transferred through current generated by the choanocytes to other sponges where the eggs are fertilised. Only freely swimming larvae are released into the ocean where, after a phase in plankton, they settle in a suitable location on firm ground and develop into a sponge. Besides this sexual reproduction, many sponges can also reproduce themselves asexually by a process called budding. These can either detach themselves from the mother animal and grow into independent sponges or remain connected to the mother animal and form a sponge colony.
Because of their pointed sclerites, sponges have relatively few predators. Only a few animal species, particularly some nudibranchs, consider them a delicacy. But other, considerably more serious enemies are epidemic diseases and water pollution which can, within a short period of time, kill all sponges within a wide area. All that remain are either small sclerites or, as with horny sponges, the entire horny skeleton.

Versch. unbest. Schwämme – different unidentified sponges

SCHWÄMME SPONGES PORIFERA

Die Oberfläche der unbeweglichen Schwammkörper ist selten oder nie von anderen Tieren, sogenannten Aufwuchsorganismen oder Epibionten, bewachsen. Solche Epibionten besiedeln normalerweise innerhalb kürzester Zeit alle möglichen freien Oberflächen, von Steinen über Muschelschalen und Schneckenhäuser bis zu Krebspanzern. Ein solcher Aufwuchs wäre eine Behinderung für die Wasserströmung, also nachteilig für den Schwamm. Wahrscheinlich scheiden die äußeren Zellen der Schwämme chemische Stoffe aus, die das Festsetzen von epibiontischen Larven von Anfang an verhindern oder sie kurz nach dem Festsetzen abtöten.
So lebensfeindlich die Körperoberfläche der Schwämme auch ist, die gut ventilierten Innenräume bieten vielen Organismen Unterkunft, Schutz vor Freßfeinden und gesicherte Nahrungszufuhr. Man spricht in diesem Zusammenhang von einer Karpose, einer Lebensgemeinschaft zwischen Tieren verschiedener Arten, die für einen der Partner Vorteile mit sich bringt, während dem anderen weder Vorteil noch Nachteil daraus entstehen. Da es sich hierbei um den Aufenthalt in nach außen offenen Körperhöhlen handelt, wird diese Karpose als Entökie bezeichnet. Verschiedene Krebstiere und Borstenwürmer sind die häufigsten Schwammbewohner.

The surface of the immobile sponge body is rarely or never overgrown by other animals, so-called ectocommensals or epibionts. Epibionts usually settle in the shortest possible time on all available surfaces, on stones, bivalve shells, snail shells and crab shells. Such overgrowth would normally be an obstacle to current and therefore disadvantageous for the sponge. It is possible that the outer cells of sponges excrete chemical substances which prevent the settlement of epibiont larvae or kill them shortly after settlement.
As hostile as the surface of sponges may be to life, the well ventilated internal cavities provide a home for many organisms, protection from predators and a safe food supply. In this context we speak of commensalism, a biocoenosis between different animal species which is advantageous for one partner whilst the other has neither advantage nor disadvantage. Because the residency occurs in a body cavity open to the outside, this commensalism is called inquilinism. Various crustaceans and bristle worms are the most common residents of sponges.

Versch. unbest. Schwämme – different unidentified sponges

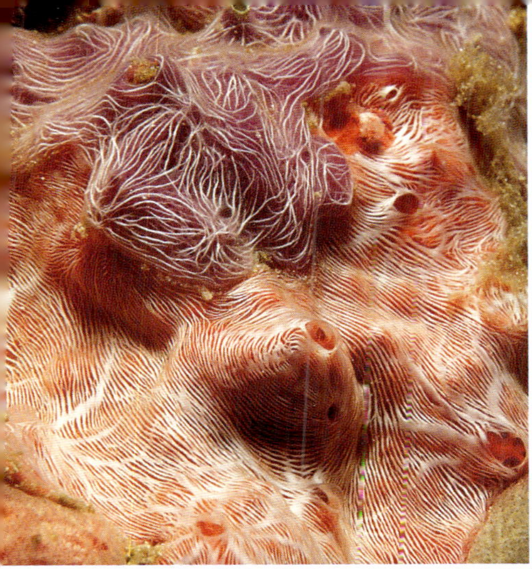

NESSELTIERE CNIDARIANS CNIDARIA

Nesseltiere, die in zwei verschiedenen Erscheinungsformen auftreten können, als festsitzender Polyp oder als freischwimmende Meduse oder Qualle, sind weltweit fast ausschließlich in den Meeren mit ca. 9.000 Arten vertreten.
Sie sind fast ausnahmslos radiärsymmetrisch aufgebaut. Das bedeutet, man kann nicht zwischen Vorder- und Hinterende unterscheiden. Der Körper der Nesseltiere ist eigentlich nur ein von zwei Zellschichten umgebener Hohlraum, der der Verdauung der Nahrung dient und als Magen- oder auch Gastralraum bezeichnet wird. Er besitzt nur eine Öffnung, um die die nesselnden Tentakel meist kreisförmig angeordnet sind und dient gleichzeitig als Mund und After. Polypen sitzen meist mit dem der Mundscheibe gegenüberliegenden Körperende, der Fußscheibe, auf dem Substrat, so daß die Mundscheibe mit den Tentakeln ins Wasser ragt. Bei den freischwimmenden Quallen dagegen sind die Fußscheibe und der Körper zu einer schirmartigen Schwimmglocke umgebildet, unter deren Mitte sich die Mundöffnung mit den oftmals vorhandenen Mundarmen befindet. Die Tentakel befinden sich am Rand des Schirmes.
Durch ungeschlechtliche Knospung können vor allem bei den Polypen zum Teil riesige Kolonien entstehen. Dabei bleiben die Verdauungssysteme der Einzelindividuen miteinander verbunden. Das bedeutet ganz vereinfacht ausgedrückt, wenn ein Tier frißt, werden auch die anderen Tiere der Kolonie satt. Dies wiederum ermöglicht die Spezialisierung einzelner Individuen einer Kolonie auf bestimmte Aufgaben wie Verteidigung, Fortpflanzung und anderes mehr.
Namensgebend für diesen Tierstamm ist der Besitz der im Tierreich einzigartigen Nesselzellen, die bei allen Vertretern der Nesseltiere anzutreffen sind. Sie befinden sich in der äußeren Zellschicht, besonders in der der Tentakel, wo sie meist gehäuft in regelrechten Nesselbatterien angeordnet sind. Diese Nesselzellen dienen der Erbeutung der durchweg fleischlichen Nahrung. Es handelt sich bei ihnen um hochspezialisierte Zellen, die bei Berührung „explodieren“. Dabei wird ein mit einer harten Spitze versehener Schlauch blitzartig und mit großer Kraft ausgeschleudert, der die Haut des Auslösers durchschlägt. Durch den Schlauch, der mit einem Giftreservoir im Inneren der Nesselzelle verbunden ist, wird dann das todbringende oder zumindest lähmende Gift in die Beute injiziert. Da die Nesselzellen auf den Tentakeln meist gehäuft in den oben schon erwähnten Nesselbatterien angeordnet sind, sind die Vergiftungserscheinungen so groß, daß das Opfer meist nach kurzer Zeit verendet. Entladene Nesselzellen werden abgestoßen und durch frische, funktionsfähige wieder ersetzt. Ein schleimiges Sekret verhindert, daß sich die Tentakel eines Tieres gegenseitig nesseln. Von den vier Nesseltierklassen werden im folgenden die drei wichtigsten vorgestellt.

Cnidarians which can occur in two different manifestations, as sessile polyps, freely swimming medusa or jellyfish, are represented worldwide by 9,000 species and live almost entirely in the oceans.
Almost all cnidarians are organisms with a radial symmetry, i.e., one cannot distinguish between front and rear. The body of cnidarians is really a cavity surrounded by two cell layers which is used for digestion and is called the stomach or gastric cavity. It has only one opening which serves as mouth and anus around which stinging tentacles are located. Polyps settle mostly on the substrate with the basal disc, the part of the body opposite the oral disc, to ensure that the oral disc with its tentacles extends into the water. In contrast, with freely swimming jellyfish, the basal disc and body are shaped like an umbrella-like bell. Below its centre is the oral aperture at which oral arms are often located. The tentacles are at the rim of the bell.
Polyps in particular can partially form large colonies through asexual budding. The digestive systems of individuals remain connected. In simple terms this means that, if one animal eats, all other animals of the colony are fed too.
This enables some individuals of a colony to concentrate on certain tasks such as defence, reproduction etc.
The name of this phylum originates from their stinging cells, unique in the animal kingdom, which can be found in all cnidarian species. They are located in the external cell layer, particularly in that of the tentacles, where they occur as batteries of stinging cells. These nematocysts are used entirely for the capture of "carnal" food. They are highly specialised cells which "explode" when touched. A barb-bearing coil is "fired" quickly and powerfully and impregnates the chitin of the prey. The coil is connected to a reservoir inside the nematocyst which supplies the deadly or at least paralysing venom injected into the prey. Because, as mentioned above, nematocysts usually occur in clusters on tentacles, the poisoning is so severe that the prey dies shortly afterwards. Empty nematocysts are discarded and replaced by fresh and functional ones. A slimy secretion prevents the tentacles of an animal from stinging each other. From four groups of cnidarians we want to portray the three most important ones as follows:

HYDROZOEN HYDROZOANS HYDROZOA

Die meisten der mehr als 2.300 Arten der Hydrozoen (Klasse Hydrozoa) treten oft sowohl als Polyp als auch als Qualle oder Meduse auf, die abwechselnd in einem sogenannten Generationswechsel auseinander hervorgehen. Bei den Hydroiden (Ordnung Hydroidea) bilden die Polypen auf ungeschlechtlichem Weg freischwimmende Medusen, indem sie einfach wiederholt ihre Mundscheibe mit den Tentakeln abschnüren. Die so entstandenen Quallen wachsen heran, bilden Geschlechtsorgane aus und geben schließlich die Geschlechtsprodukte, Samen- und Eizellen, ins freie Wasser ab. Nach erfolgter Befruchtung entwickelt sich eine Schwimmlarve, die sich dann wiederum zu einem festsitzendem Polypen umwandelt. Je nach Art kann entweder die Medusen- oder auch die Polypengeneration ganz oder nur teilweise reduziert oder klein und unauffällig sein. Es ist auch möglich, daß sich die Medusen gar nicht mehr von den Polypen ablösen. Sie werden dann zur Fortpflanzungszeit gebildet, verbleiben an der Polypenkolonie und geben von dort aus ihre Geschlechtsprodukte ins Wasser ab. Hydroidpolypenkolonien werden oft für Algenbüschel gehalten, da die Einzelindividuen meist winzig klein sind. Auch die Mehrzahl der Medusen ist winzig klein und fällt kaum auf. Ebenfalls zu den Hydrozoen gehören die Staatsquallen oder Siphonophora, deren Vertreter stets freischwimmende Kolonien aus polypen- und medusenförmigen Individuen bilden.

Most of the 2,300 hydrozoan species (Hydrozoa class) often occur as polyps, jellyfish or medusa which emerge alternately from each other in the so-called generation change. With hydroids (order of Hydroidea), polyps produce free-swimming medusae in asexual reproduction by ligaturing the oral disc with their tentacles. Jellyfish produced in this way mature, develop genital organs and release sexual products, sperm and eggs, into open water. The swimming larva produced after fertilisation transforms into a sessile polyp. Depending on the species, a medusa or polyp generation can be, entirely or partly, reduced, or small and inconspicuous. They are formed during the reproduction season, remain attached to the polyp colony and disperse their sexual products into the water. Hydroid-polyp colonies are often identified as clumps of algae because the individuals are generally very minute. Most medusas are also very small and inconspicuous. Hydrozoans also include larger jellyfish or siphonophores which always form free-swimming colonies of polypoid and medusoid individuals.

Versch. Hydrozoen-Arten – different species of hydrozoans

HYDROZOEN HYDROZOANS HYDROZOA

Gelb-braune Feuerkoralle – Yellow-brown fire coral – *Milepora sp.*

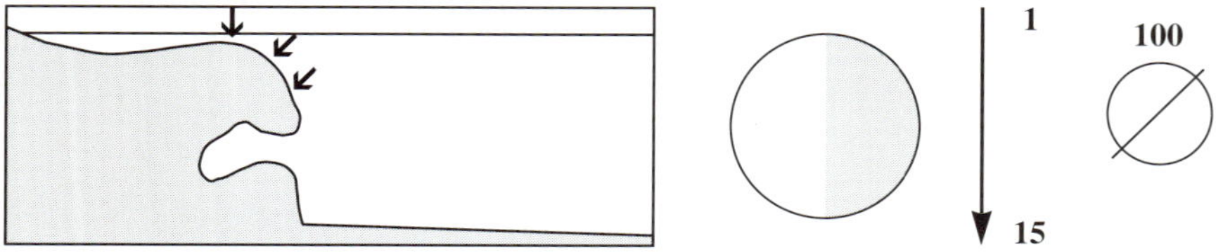

Anders als andere Hydrozoen besitzen Feuerkorallen (Familie Millleporidae) stets ein verkalktes Skelett. Von den Steinkorallen lassen sie sich unter anderem durch ihre weißen Astspitzen leicht unterscheiden. Feuerkorallen besitzen zwei verschiedene Polypenarten: Freßpolypen, die der Nahrungsaufnahme dienen, und Wehrpolypen, die keine Mundöffnung besitzen und ausschließlich Beutefang und Feindabwehr zur Aufgabe haben. Die winzigen Polypen sind ausgestreckt nur als feiner Flaum zu erkennen. **Vorsicht: Feuerkorallen können bei Hautkontakt sehr schmerzhafte Nesselungen hervorrufen!**

In contrast to hydrozoans, fire corals (Mileporidae family) always have a calcareous skeleton. They can, amongst other characteristics, be easily distinguished from stony corals by their white branch tips. Fire corals have two different polyp species: feeding polyps, used for food intake, and defence polyps, which have no oral apertures and are entirely for the capture of prey and defence. Extended polyps can only be identified as fine fluff. **Warning: if touched, fire corals can give a very painful sting!**

Pinkfarbene Feuerkoralle – Pink fire coral – *Distichopora violacea*

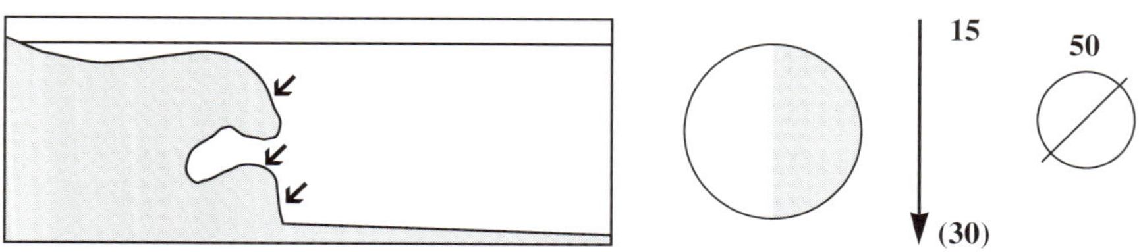

Die Pinkfarbene Feuerkoralle gehört zur Familie Stylasteridae, deren Vertreter ebenfalls ein massives Kalkskelett bilden.

The pink fire coral belongs to the Stylasteridae family whose members also develop a solid calcareous skeleton.

Gelb-braune Feuerkoralle – Yellow-brown fire coral – *Milepora sp.*

Pinkfarbene Feuerkoralle – Pink fire coral – *Distichopora violacea*

SCHIRMQUALLEN JELLYFISH SCYPHOZOA

Die Vertreter der Schirmquallen (Klasse Scyphozoa), von denen ca. 200 Arten bekannt sind, besitzen entweder sehr kleine oder völlig reduzierte Polypen, während ihre Quallen zum Teil eine beachtliche Größe erreichen können.

The approximately 200 known jellyfish species (Scyphozoa class) have either minute or totally reduced polyps whilst jellyfish themselves can reach a considerable size.

Kronenqualle – Crown jellyfish – *Netrostoma setouchina*

Im Schutz der rechts abgebildeten bis 50 cm großen Kronenqualle befindet sich ein Schwarm junger Feilenfische. Werden Quallen in Riffnähe getrieben, dann fallen sie meist verschiedenen Fischarten (z. B. Falterfischen, Bild unten) zum Opfer, die ihre Tentakel und ihre Keimdrüsen fressen.

Protected by the crown jellyfish which can reach a size of up to 50 cm (picture on the right) is a swarm of file fish. If jellyfish are driven near reefs, they usually become the prey of various fish species (for instance; butterfly fish, picture below) which eat their tentacles and gonads.

BLUMENTIERE ANTHOZOANS ANTHOZOA

Die Blumen- oder Korallentiere (Klassee Anthozoa), die mit mehr als 6.000 Arten vertreten sind, sind fast immer festsitzend und besitzen nie ein Medusenstadium. Sie können einzeln leben oder riesige Kolonien bilden, sie können nur wenige Millimeter groß sein oder einen Mundscheibendurchmesser bis zu 1,5 m erreichen. Bei den Blumentieren unterscheidet man zwei große Gruppen, die Sechsstrahligen Korallen oder Hexacorallia und die achtstrahligen Korallen oder Octocorallia.

The more than 6,000 flower or coral animals (Anthozoa class) are almost always sessile and have no medusa stage. They can live singly or form giant colonies, reach a size of a few millimetres or can have an oral disc diameter of up to 1.5 m. Anthozoans are classified into two large groups: six-rayed corals or hexacorallians and eight-rayed corals or octocorallians.

Sechsstrahlige Korallen Hexacorallians Hexacorallia

Die sechsstrahligen Korallen (Unterklasse Hexacorallia) zeichnen sich durch ungefiederte, schlauchartige Tentakel aus, deren Anzahl ein Vielfaches von sechs beträgt.

Six-rayed corals (sub-class Hexacorallia) are characterised by unbranched tube-like tentacles which, in fact, can reach any multiple of six.

Zylinderrosen Tube Anemones Ceriantharia

Zylinderrosen (Ordnung Ceriantharia, 50 Arten), die stets einzeln leben, sind leicht an ihren zwei verschiedenen Tentakeltypen zu erkennen. Außen befinden sich lange Fangtentakel, die erbeutete Nahrung an die deutlich kürzeren Mundtentakel im Zentrum der Mundscheibe weiterreichen. Der wurmförmige Körper befindet sich in einer pergamentartigen, im Boden steckenden Röhre.

Tube anemones (order of Ceriantharia, 50 species) always live singly and can easily be distinguished by their two different tentacle types. The long, external food-catching tentacles transfer prey to the distinctively shorter oral tentacles at the centre of the oral disc. The worm-shaped body is in a parchment-like tube, sticking in the seabed.

Unbest. Zylinderrose – unidentified tube anemone – Fam. Cerianthidae
Insert: unbest. Zylinderrose – unidentified tube anemone – Fam. Arachnantidae

Steinkorallen Stony Corals Madreporaria

Die Mehrzahl der ca. 1.000 Arten von Steinkorallen (Ordnung Madreporaria) ist koloniebildend. Sie scheiden alle ein massives Kalkskelett ab, das vollständig vom Gewebe der miteinander in Verbindung stehenden Polypen überzogen ist, und sind somit die Baumeister der Korallenriffe. Alle riffbildenden Steinkorallen besitzen symbiontische Algen (Zooxanthelle) in ihrem Körpergewebe, die ihnen diese enorme Fähigkeit erst ermöglichen.
Die Wuchsform hängt sehr stark vom Standort und den dort herrschenden Bedingungen ab: in ruhigem Wasser findet man filigran verzweigte Arten, in stark bewegtem Wasser wachsen massive, blockbildende Arten.
Most of the approximately 1,000 species of Stony Corals (Order Madreporaria) form massive colonies. They all secrete a solid calcareous skeleton entirely covered with the tissue of inter-connected polyps, and thus are the creators of the coral reefs. All reef-building stony corals have symbiont algae (Zooxanthellae) within their body tissue which are, in fact, essential for this enormous feat.The morphotype depends greatly on location and prevailing conditions: feathery-branched species are predominant in calm waters, whilst massive, block-building species grow in turbulent waters.

Familie Faviidae: links: Strahlenkoralle – Radiant coral – *Diploastrea heliopora* rechts: *Montastrea sp.*

Familie Faviidae: links oben: *Platygyra sp.*,
rechts oben: Hirnkoralle – Brain coral – *Leptoria phrygia*,
links unten: *Favia sp.*, rechts unten: *Goniastrea sp.*

Steinkorallen Hard Corals Madreporaria

Geweihkorallen – Branching corals – Acroporidae

Geweihkorallen aus der Familie Acroporidae sind mit ca. 200 Arten vertreten, stellen also 20 % der Steinkorallenarten. Da viele Arten sehr ähnlich aussehen, ist die genaue Artbestimmung oft schwierig. *Acropora*-Arten sind sehr schnellwüchsich und besitzen kleine Polypen (Insert). Zwischen ihren verzweigten Ästen bieten sie einer Vielzahl von Niederen Tieren und Fischen sowie deren Jungtieren Unterschlupf und Lebensraum.

Branching corals of the Acroporidae family consist of nearly 200 species, thus representing 20 % of all hard coral species. As many species are very similar in appearance, exact classification is often difficult. *Acropora* species grow very fast and have minute polyps (insert). Their many branches offer shelter and biosphere for a multitude of invertebrates and fish as well as their larvae and fry.

rechts: Große Geweihkoralle – Great branching coral – *Acropora grandis*
Insert: Robuste Geweihkoralle – Robust branching coral – *Acropora robusta*
unten: *Acropora sp.*, Insert: *Acropora sp.*

Steinkorallen Hard Corals Madreporaria

Verzweigte Tischkoralle – Branching table coral – *Acropora divaricata*
Riesen-Tischkoralle – Giant table coral – *Acropora hyacinthus*
Kleine Tischkoralle – Small table coral – *Acropora humilis*

Die Verzweigte Tischkoralle und die Riesen-Tischkoralle können bis 5 m Durchmesser erreichen. Die Äste der Verzweigten Tischkoralle verzweigen sich auch nach unten, wodurch der Tisch eine rauhe Oberfläche aufweist. Der Tischrand ist unregelmäßig. Die Tische der Riesen-Tischkoralle dagegen besitzen eine ganz ebene Oberfläche, außerdem ist ihr Rand regelmäßig. Die Kleine Tischkoralle bildet Tische von nur ca. 30 cm Durchmesser.

The Branching table coral as well as the Giant table coral can both reach a diameter of up to 5 m. As the antlers of the Branching table coral also branch upwards, the table has a rough surface. The table edge is irregular. In contrast, the tables of the Giant table coral have a very smooth surface; in addition, their edge is regular. The Small table coral produces tables with a diameter of only 30 cm.

Kleine Tischkoralle – Small table coral – *Acropora humilis*

Verzweigte Tischkkoralle – Branching table coral – *Acropora divaricata*

Riesen-Tischkoralle – Giant table coral – *Acropora hyacinthus*

Steinkorallen   Hard Corals   Madreporaria

Pilzkorallen – Mushroom corals – Fungiidae

Pilzkorallen aus der Familie Fungiidae sind anfänglich mit einem kleinen Stiel am Untergrund festgewachsen (Insert). Ab einer gewissen Größe wird die scheibenförmige Verbreiterung abgeschnürt und fällt zu Boden, wo sie zu ihrer vollen Größe auswächst. Der verbleibende Stielstumpf kann fortlaufend neue Pilzkorallen produzieren. Die meisten Pilzkorallentypen *(Fungia, Ctenactis)* besitzen nur einen einzigen Polypen.

Mushroom corals of the Fungiidae family are initially sessile and attached to the substratum by a small stalk. After reaching a certain size, the discoid widening is ligatured and falls to the ground where it develops to its full size. The remaining stalk stem is able to produce continuously new mushroom corals. Most Mushroom coral species *(Fungia, Ctenactis)* have only one polyp.

Ovale Pilzkoralle (links) – Oval mushroom coral – *Ctenactis echinata*
Runde Pilzkoralle (rechts) – Round mushroom coral – *Fungia sp.*
Insert: festgewachsene, junge Pilzkoralle – sessile juvenile mushroom coral

oben: Bumerang-Pilzkoralle – Boomerang mushroom coral – *Herpolitha limax*
unten: Helm-Pilzkoralle – Helmet mushroom coral – *Halomitra philippinensis*
Insert: Anemonen-Pilzkoralle – Anemone mushroom coral – *Heliofungia actiniformis*

Steinkorallen Hard Corals Madreporaria

Porenkoralle – Pore coral – *Porites sp.*
Anemonenkoralle – Anemone coral – *Goniopora sp.*

Die Vertreter aus beiden Gattungen gehören zur Familie Poritidae. Porenkorallen aus der Gattung *Porites* zeichnen sich durch sehr kleine Polypen aus. Sie bilden massive, meist kugelige Kolonien, die mehrere Meter Durchmesser erreichen können. Anemonenkorallen aus der Gattung *Goniopora,* von denen es mehr als 20 Arten gibt, sind an ihren bis 10 cm langen Polypen, die wie kleine Anemonen aussehen, leicht zu erkennen.

The species of both genera belong to the Poritidae family. Pore corals of the genus *Porites* are distinguished by their minute polyps. They build massive, mostly globular colonies, which can have a diameter of several metres. Anemone corals of the genus *Goniopora* with more than 20 species, are easily recognisable due to their 10 cm long polyps which resemble miniature anemones.

rechts: Porenkoralle – Pore coral – *Porites sp.*
unten: Anemonenkoralle – Anemone coral – *Goniopora sp.*

Steinkorallen Hard Corals Madreporaria

Blasenkoralle – Bubble coral – *Plerogyra sinuosa*

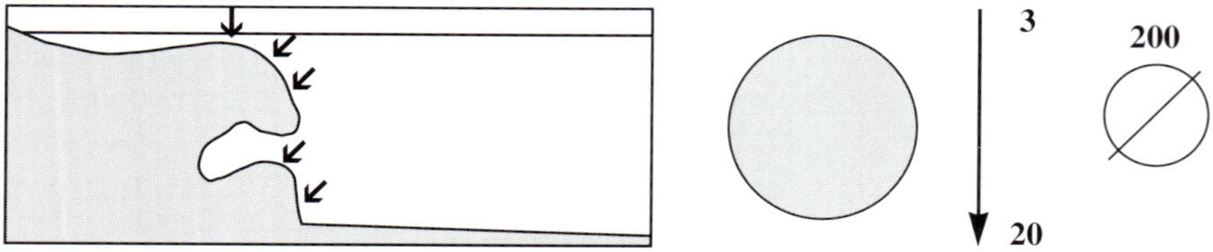

Tagsüber sind die bis 2 cm großen namensgebenden Blasen zu sehen, in denen sich Zooxanthellen befinden. Nachts schrumpfen sie und lassen spitze Tentakel erkennen. Auf Blasenkorallen kann man gelegentlich Partnergarnelen (Gattung *Periclimenes*) und die Blasenkorallen-Garnele *Vir philippinensis* entdecken.

During the day, the bubbles, up to 2 cm in size, which give the name to the species, can be seen and contain zooxanthellae. At night, they shrink and one can see its pointed tentacles. Partner shrimps (*Periclimenes* genus) and bubble coral shrimp (*Vir philippinensis*) can sometimes be seen on bubble corals.

Rasenkoralle – Grass coral – *Galaxea fascicularis*

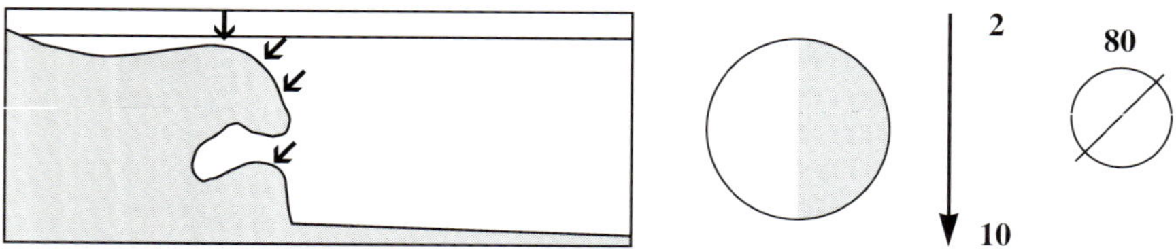

Die Rasenkoralle, deren Polypen häufig auch am Tage geöffnet sind, kann recht variabel gefärbt sein. Sie bildet krusten- oder rasenförmige Kolonien, die sowohl in bewegten als auch in ruhigen Riffbereichen anzutreffen sind. In ruhigen Bereichen können die Polypenkelche sehr langgestreckt sein.

Grass corals, whose polyps are often opened during the day, can vary greatly in colour. They form crust or lawn-like colonies which can be found in moving and calm reef areas. In calm reef areas, the polyp cups can be very elongated.

Blasenkoralle – Bubble coral – *Plerogyra sinnuosa*

Rasenkoralle – Grass coral – Galaxea *fascicularis*

Steinkorallen Hard Corals Madreporaria

Gelbe Zäpfchenkoralle – Yellow cave coral – *Dendrophyllia (Tubastrea) sp.*

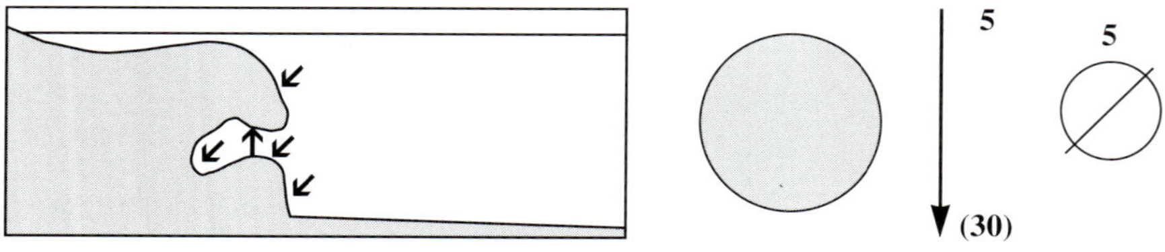

Die Gelbe Zäpfchenkoralle, die oft für eine Krustenanemone gehalten wird, ist stets in kleinen Kolonien in Spalten, unter Überhängen und an anderen Schattenplätzen anzutreffen. Tagsüber sind die vergleichsweise großen Polypen eingezogen, erst nachts „erblühen“ sie zu voller Schönheit.

The yellow cave coral, often confused with the Zoanthid, lives in colonies and can always be found in crevices, beneath overhangs and in other shady locations. In the daytime, the comparatively large polyps are inverted. Only at night do they "bloom" beautifully.

Braune Zäpfchenkoralle – Brown coral – *Tubastrea micrantha*

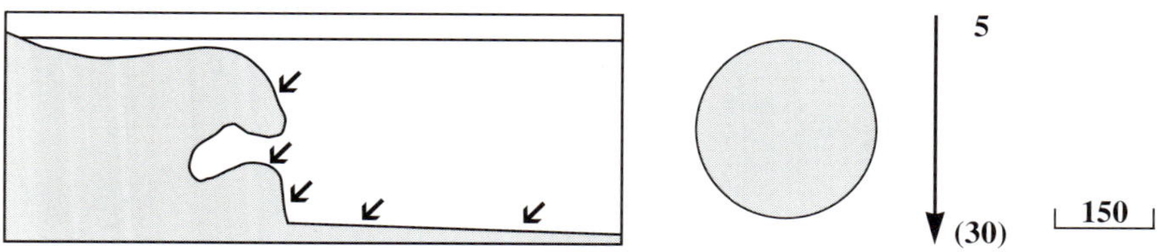

Im Flachwasser bildet die Art nur kleine Stöcke, die meist an lichtgeschützten Stellen wachsen. In Tiefen ab ca. 20 m kann man größere Stöcke auf strömungsexponierten Plätzen, wie z. B. in Strömungskanälen zwischen zwei Riffen, antreffen. Bei Berührung hinterlassen die Polypenkelche verräterische braune Flecken auf den Anzügen schlecht tarrierter Taucher.

In shallow water, this species develops small colonies which mostly grow in locations protected from light. In depths of at least 20 m, in locations exposed to current, for instance, current channels between two reefs, one can find larger colonies. If touched, polyp cups leave brown spots on the suits of incorrectly weighted divers.

Gelbe Zäpfchenkoralle – Yellow cave coral – *Dendrophllia (Tubastrea) sp.*

Braune Zäpfchenkoralle – Brown coral – *Tubastrea micrantha*

Korallenanemonen Corallimorpharians Corallimorpha

Korallenanemonen, die eine eigene Ordnung mit nur ca. 30 Arten bilden, weisen sowohl Merkmale von Anemonen als auch von Steinkorallen auf. Von letzteren unterscheiden sie sich vor allem dadurch, daß sie nie ein Skelett besitzen und daß koloniebildende Arten ausschließlich flächige Kolonien bilden. Die Mundscheibe mancher einzeln lebender Arten liegt oftmals direkt dem Untergrund auf und hat ein flaches, scheibenförmiges Aussehen, weshalb die Tiere oft auch als Scheibenanemonen bezeichnet werden. Sie siedeln meist auf abgestorbenen Korallen.

The independent order of Corallimorphs includes only 30 species and these have the characteristics of anemones and stony corals. They can be distinguished from the latter particularly by the fact that they never have a skeleton and that colony developing species form only flat colonies. The oral disc of some singly living species often lies directly on the substratum and has a flat, discoid appearance which leads to the fact that they are often called disc anemones. They settle mostly on dead corals.

Krustenanemonen Zoanthids Zoantharia

Krustenanemonen (Ordnung Zoantharia), von denen ca. 300 Arten vor allem in tropischen Meeren vorkommen, bilden meist krustenförmige Kolonien, einige Arten leben jedoch einzeln. Sie besitzen meist kein Skelett, können aber manchmal ein Pseudoskelett aus verkrusteten Fremdkörpern (z. B. Sandkörnern) bilden. Die Einzelpolypen einer Kolonie stehen mit ihren Magenräumen untereinander in Verbindung. Viele Arten leben in Symbiose mit einzelligen Algen (Zooxanthellen), wodurch sie eine grünliche oder bräunliche Färbung aufweisen und auf gut besonnte Standorte angewiesen sind.

Zoanthids (order of Zoantharia), of which approximately 300 species live particularly in tropical oceans, form mostly encrusting colonies but some species live singly. They usually have no skeleton but can, sometimes, develop a pseudo-skeleton from cemented foreign substances (for instance, grains of sand). The gastric cavities of individual polyps, living in colonies, are connected. Many species live in a symbiosis with unicellular algae (Zooxanthellae) which cause their green colour and dependence on sunlight.

Unbest. Scheibenanemone – unidentified corallimorpharian – *Discosoma sp.*

Unbest. Krustenanemone – unidentified zoanthid – *Palythoa sp.*

Krustenanemonen Zoanthids Zoantharia

Scheiben-Krustenanemone – Disc zoanthid – *Palythoa heideri*
Korallen-Krustenanemone – Coral zoanthid – *Palythoa tuberculosa*
Gelbe Krustenanemone – Yellow zoanthid – *Parazoanthus sp.*

Die vergleichsweise große Scheiben-Krustenanemone (bis 4,5 cm Durchmesser) kommt oberhalb von 10 m Tiefe vor.
Die Korallen-Krustenanemone, die vom Flachwasser bis in ca. 15 m Tiefe vorkommt, ist leicht daran zu erkennen, daß bei ihr die Polypen kurz unterhalb des Tentakelkranzes miteinander verwachsen sind.
Die Gelbe Krustenanemone, die meist an beschatteten Stellen unterhalb von 10 m Tiefe vorkommt, siedelt auf Schwämmen und Hornkorallen.
The comparatively large disc zoanthid (up to a diameter of 4.5 cm) lives above a depth of 10 m.
The coral zoanthid occurs from shallow water to a depth of 15 m and can easily be identified because its polyps are grown together shortly beneath the circle of tentacles.
Yellow zoanthids occur mostly in the shady locations below 10 m and settle on sponges and gorgonians.

Gelbe Krustenanenome – Yellow zoanthid – *Parazoanthus sp.*

Scheiben-Krustenanemone – Disc zoanthid – *Palythoa heideri*

Korallen-Krustenanemone – Coral zoanthid – *Palythoa tuberculosa*

Seeanemonen Sea-Anemones Actiniaria

Die mehr als 1.000 Arten der Seeanemonen (Ordnung Actiniaria) leben stets solitär und besitzen kein Skelett. Einzelne Arten können erstaunlich groß werden (bis 1,5 m Durchmesser) und eine sehr große Anzahl von Tentakeln besitzen.

The more than 1,000 sea anemone species (order of Actiniaria) always live singly and have no skeleton. Individual species can reach a considerable size (up to 1.5 m in diameter) and can have numerous tentacles.

Prachtanemone – Magnificent sea anemone – *Heteractis magnifica*

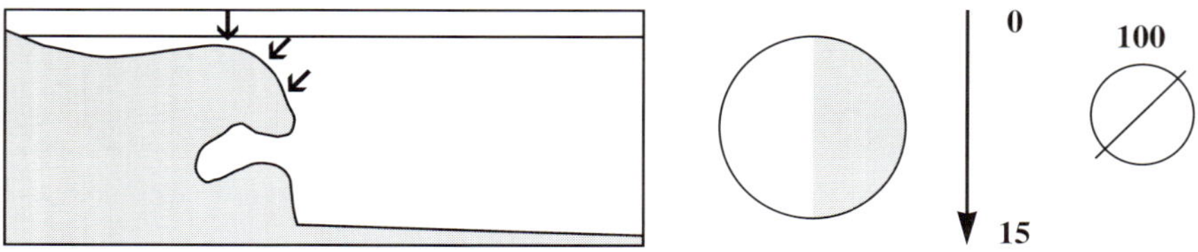

Die Prachtanemone sitzt meist an besonders exponierten Stellen, wobei mehrere nebeneinandersitzende Tiere oft große Flächen bedecken. Der Fuß dieser Art ist stets prächtig orange, rot oder violett gefärbt. Häufig kann man im Schutz der Prachtanemone ein Pärchen oder mehrere Exemplare des Malediven-Anemonenfisches *Amphiprion nigripes* beobachten, der ausschließlich mit dieser Anemonenart zusammenlebt. Bei dieser Lebensgemeinschaft handelt es sich um eine Symbiose, da beide Partner von ihr profitieren: Der Anemonenfisch wird durch seinen nesselnden Wirt vor Feinden geschützt und verteidigt ihn dafür gegen tentakelfressende Fische (z. B. Falterfische). Auch junge Dreifleck-Preußenfische *Dascyllus trimaculatus* leben regelmäßig im Schutz dieser Art.

The magnificent sea anemone usually settles in particularly exposed locations whilst several animals sit in juxtaposition and cover large areas. The foot of this species always displays a magnificent orange, red or violet colour. Protected by the magnificent sea anemone one can often find a pair or several species of the Maldive anemone fish, *Amphiprion nigripes,* which only forms a biocoenosis with this anemone species. This biocoenosis is a symbiosis because both partners gain advantages: the anemone fish is protected from enemies by his stinging host and protects him against tentacle-eating fish (for instance, Butterfly fish). Juvenile three-spotted Puller, *Dascyllus trimaculatus,* live regularly under the protection of this species.

oben links: Koloniebildende Anemone – Colonial anemone – *Amphianthus sp.*
oben rechts: unbest. Art – unidentified species
unten: Prachtanemone – Magnificent sea anemone – *Heteractis magnifica*

Seeanemonen Sea-Anemones Actiniaria

Riesen-Anemone – Giant sea anemone – *Stichodactyla mertensii*

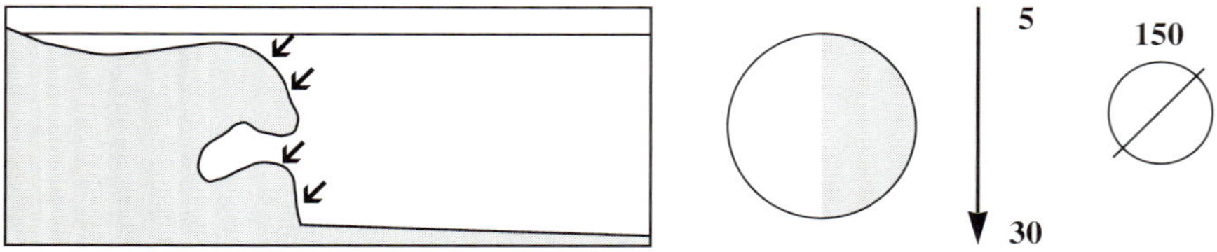

Im Schutz der Riesen-Anemone leben regelmäßig Clarks Anemonenfische *Amphiprion clarkii.* Zwischen den kurzen noppenartigen Tentakeln kann man außerdem häufig Pfauenaugen-Partnergarnelen *Periclimenes brevicarpalis* und andere Garnelenarten entdecken.

Clark's anemone fish, *Amphiprion clarkii,* live regularly under the protection of giant sea anemones. Moreover, peacock-eyed partner shrimps, *Periclimenes brevicarpalis,* and other shrimp species can be found between the short, nobbly tentacles.

Noppenrand-Anemone – Adhesive sea anemone – *Cryptodendrum adhesivum*

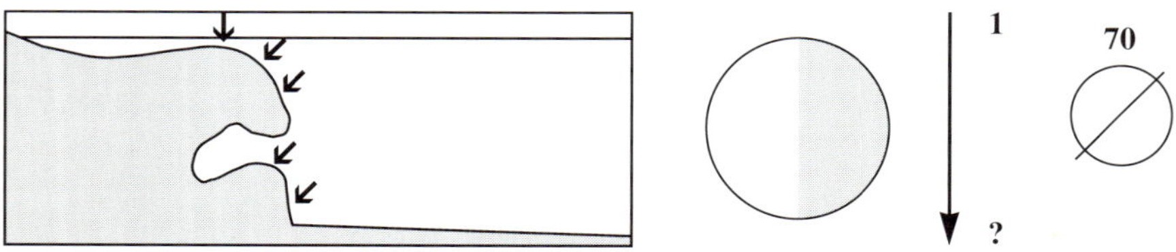

Neben den oben erwähnten Partnern beherbergt die Noppenrand-Anemone oft auch ein Pärchen des Gefleckten Anemonen-Porzellankrebses *Neopetrolistes maculatus.* Auf dem Foto kann man einen auf dem Noppenrand sitzenden Krebs beim Planktonfang sehen. Bei grober Berührung zieht sich die Noppenrand-Anemone in die Spalte zurück, in der sie sich mit ihrem Fuß angeheftet hat.

Besides partners mentioned above, the adhesive sea anemone also hosts pairs of the spotted porcellanid crab, *Neopetrolistes maculatus.* On the photograph a crab can be seen catching plankton, sitting on the pimpled edge. If touched roughly, the adhesive sea anemone retreats into the crevice to which it is attached with its foot.

Riesen-Anemone – Giant sea anemone – *Stichodactyle mertensii*

Noppenrand-Anemone – Adhesive sea anemone – *Cryptodendrum adhesivum*

Seeanemonen Sea-Anemones Actiniaria

Glasperlen-Anemone – Beaded sea anemone – *Heteractis aurora*
Lederanemone – Leathery sea anemone – *Heteractis crispa*
Blasenanemone – Bulb-tentacle sea anemone – *Entacmaea quadricolor*

Alle drei Arten werden von Clarks Anemonenfisch *Amphiprion clarkii* als Symbiosepartner angenommen. Die Glasperlen-Anemone (bis 30 cm Durchmesser) besitzt perlenartige Anschwellungen an ihren Tentakeln, während die Lederanemone (bis 50 cm Durchmesser) gut an ihren charakteristisch gemusterten Tentakeln zu erkennen ist. Die Blasenanemone (bis 40 cm Durchmesser) ist die einzige Anemone mit blasenförmig vergrößerten Tentakelspitzen.

All three species are accepted by Clark's anemone fish, *Amphiprion clarkii,* as symbiosis partners. The beaded sea anemone (up to 30 cm in diameter) has bead-like swellings on its tentacles whilst the leathery sea anemone (up to 50 cm in diameter) can be distinguished easily by its patterned tentacles. The bulb-tentacle sea anemone (up to 40 cm in diameter) is the only sea anemone with bulb-shaped enlarged tentacle tips.

Blasenanemone – Bulb-tentacle sea anemone – *Entacmaea quadricolor*

oben: Glasperlen-Anemone – Beaded sea anemone – *Heteractis aurora*
unten: Lederanemone – Leather sea anemone – *Heteractis crispa*
Insert: Farbvariante – color variety

Dörnchenkorallen, Schwarze Korallen
Black Corals Anthipatharia

Dörnchenkorallen (Ordnung Anthipatharia), die weltweit mit nur ca. 150 Arten vertreten sind, werden von weitem häufig mit Hornkorallen verwechselt (Polypen mit acht gefiederten Tentakeln!), von denen sie sich aber deutlich unterscheiden: ihre meist winzig kleinen Polypen besitzen nur sechs ungefiederte Tentakel.

Black corals (order of Antipatharia), represented by only approximately 150 species worldwide, are from a distance often confused with gorgonians (polyps with eight bipinnate tentacles!) from which they clearly differ: their usually tiny polyps have only six unbranched tentacles.

Schwarze Koralle – Black coral – *Anthipathes dichotoma*

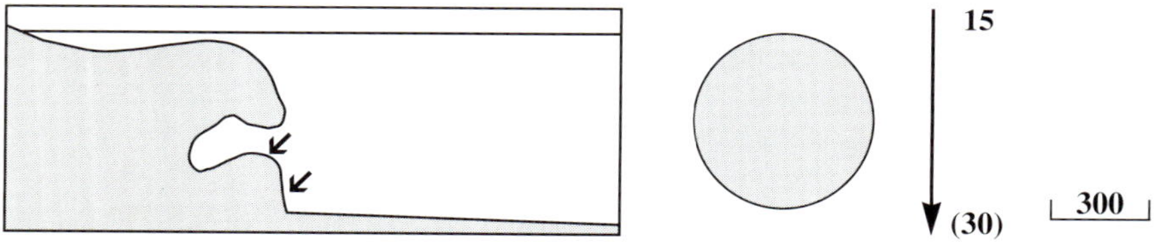

Der Name „Schwarze Koralle“ bezieht sich auf das schwarzgefärbte Skelett, das eine harte, hornartige Substanz hat und von einer dünnen, rötlichbraun gefärbten Gewebeschicht mit den Polypen überzogen wird.
Wirklich große Büsche von Schwarzen Korallen sind an den meisten Stellen in akzeptablen Tauchtiefen nicht mehr anzutreffen, da sie rücksichtslos „abgeerntet“ wurden und immer noch werden. Der Grund dafür ist ihr Skelett, das zu Schmuck verarbeitet wird und sehr begehrt ist. **Deshalb die Bitte: Verzichten Sie auf den Kauf von Schmuck aus der Schwarzen Koralle!**

The name "black coral" refers to the black coloured skeleton which his of a solid, horn-like substance and is covered by thin, reddish-brown coloured tissue layers and polyps.
In acceptable diving depths, really large bushes of black coral can no longer be found because they have been and still are "harvested" ruthlessly. The reason is the skeleton which is used for jewellery and very sought after. **Urgent request: if you buy jewellery, please refrain from buying black coral!**

Schwarze Koralle – Black coral – *Anthipathes dichotoma*
Insert: Schwarze Koralle – Black coral – *Anthipathes sp.*

Dörnchenkorallen, Schwarze Korallen
Black Corals Anthipatharia

Gewundene Drahtkoralle – Coiled wire coral – Cirripathes anguina

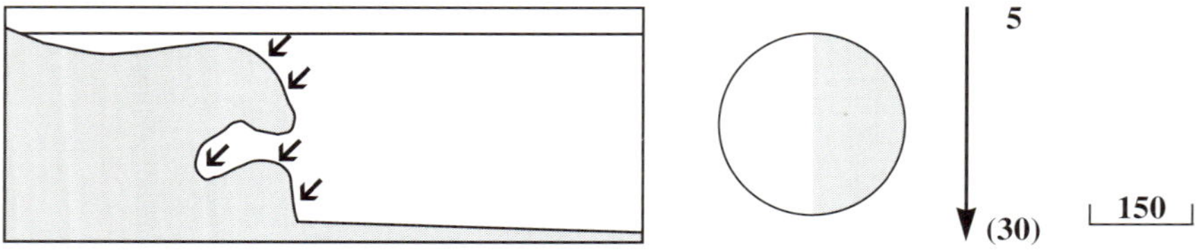

Die Gewundene Drahtkoralle ist nie so gleichmäßig spiralig gewunden wie die Spiralen-Drahtkoralle. Auf ihr kann man häufig gut getarnte, nur ca. 3 cm große Zwerggrundeln aus der Gattung *Bryaninops* beobachten, seltener auch Exemplare der Gelben Dörnchenkorallen-Garnele *Dasycaris sp.*

The coiled wire coral is never coiled as regularly as the spiral wire coral. Well disguised, pygmy gobies, only 3 cm in size, of the *Bryaninops* genus and, sometimes, even Yellow black coral shrimps, *Dasycaris sp.* can be found on coiled wire corals.

Spiralen-Drahtkoralle – Spiral wire coral – *Cirripathes spiralis*

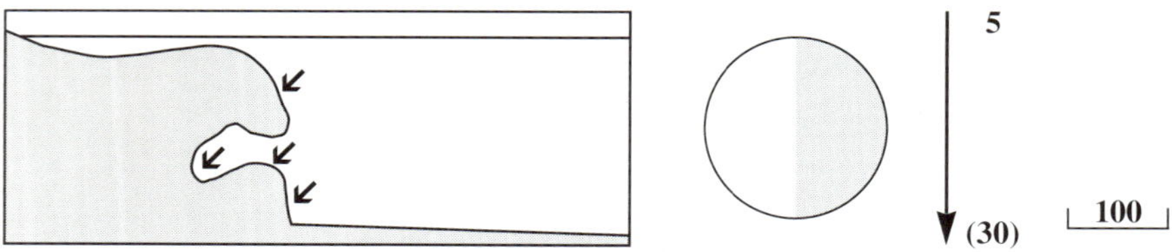

Die Spiralen-Drahtkoralle ist auf den Malediven wesentlich seltener als die vorangegangene Art. Das Insert zeigt eine weitere, nicht näher bestimmte Peitschen-Drahtkoralle, auf der ebenfalls Zwerggrundeln aus der Gattung *Bryaninops* sowie Rostrote Dörnchenkorallen-Garnelen *Dasycaris zanzibarica* leben.

In the Maldives, the spiral wire coral is much rarer than the above species. The insert shows another whip wire coral, not closely identified, on which pygmy gobies of the *Bryaninops* genus and rust-coloured black coral shrimps, *Dasycaris zanzibarica,* also live.

oben: Gewundene Drahtkoralle – Coiled wire coral – *Cirripathes anguina*
unten: Spiralen-Drahtkoralle – Spiral wire coral – *Cirripathes spiralis*
Insert: Peitschen-Drahtkoralle (unbest. Art) – Whip wire coral (unidentified species)

Achtstrahlige Korallen Octocorallians Octocorallia

Die ca. 2.800 Arten der Achtstrahligen Korallen (Unterklasse Octocorallia) leben stets sessil und bilden meist Kolonien. Ihre Polypen besitzen ausnahmslos acht gefiederte Tentakel.

The approximately 2,800 octocorallian species (sub-class of Octocorallia) he a sessile way of life and generally form colonies. Their polyps always have eight bipinnate tentacles.

Weich- und Lederkorallen Soft Corals Alcyonaria

Weich- und Lederkorallen (Ordnung Alcyonaria) sind mit ca. 800 Arten vertreten und bilden Kolonien von ganz unterschiedlichem Aussehen. Anstelle eines festen Skeletts besitzen sie nur kleine Kalknadeln, die lose in ihrem fleischigen bis ledrigen Körper liegen und für einen gewissen Halt sorgen.

The approximately 800 soft corals species (order of Alcyonaria) form differently shaped colonies. Lacking an axial skeleton, they derive support from small calcareous spicules losely distributed in their fleshy or rubbery bodies.

Lappige Lederkoralle – Lobed soft coral – *Lobophytum sp.*
Finger-Lederkoralle – Finger soft coral – *Sinularia sp.*
Graue Lederkoralle – Grey soft coral – *Lemnalia sp.*

Lederkorallen (Familie Alcyoniidae) besitzen einen ledrigen Körper, der bei manchen Arten relativ fest sein kann. Bei den meisten Arten ist die genaue Artbestimmung nur durch die Untersuchung der Skelettnadeln möglich.
Lappige Lederkorallen (oben) bilden bis zu 50 cm große Kolonien, die eher an beschatteten Standorten leben. Die krustenförmigen Kolonien der Finger-Lederkorallen (Insert), die wie die Graue Lederkoralle (unten) gut besonnte Standorte ab dem Flachwasser bevorzugen, können große Flächen überziehen.

Soft corals (Alcyoniidae family) have a leathery body which can, with some species, be relatively solid. With most species, exact identification can only be made through an examination of the skeletal spicules.
Lobed soft corals (above) form colonies up to 50 cm in size which live mostly in shady locations. The encrusting colonies of the finger soft corals (insert), which, like the grey soft coral (below), prefer sunny locations in shallow and deeper water, can cover large areas.

oben: Lappige Lederkoralle – Lobed soft coral – *Lobophytum sp.*
Insert: Finger-Lederkoralle – Finger soft coral – *Sinularia sp.*
unten: Graue Lederkoralle – Grey soft coral – *Lemnalia sp.*

Weich- und Lederkorallen Soft Corals Alcyonaria

Pilz-Lederkoralle – Mushroom soft coral – *Sarcophyton trochelioporum*

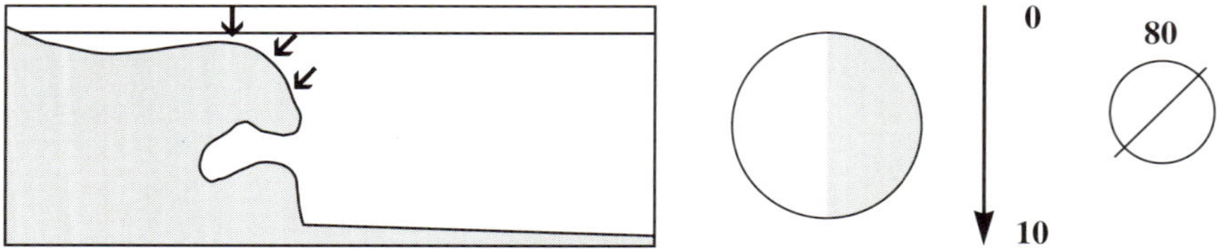

Pilz-Lederkorallen siedeln stets an gut besonnten Standorten (z. B. Riffdach). Mushroom soft corals always settle in locations with plenty of sunlight (for instance, reef crest).

Brokkoli-Lederkoralle – Broccoli soft coral – *Lithophytum arboreum*

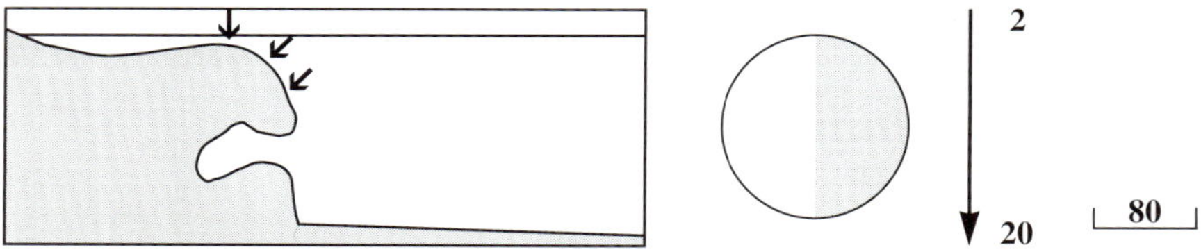

Auch die Brokkoli-Lederkoralle bevorzugt gut besonnte Standorte im Riff. Broccoli soft corals also prefer sunny reef areas.

Orangefarbene Lederkoralle – Orange Alcyonarian – *Minabea aldersladei*

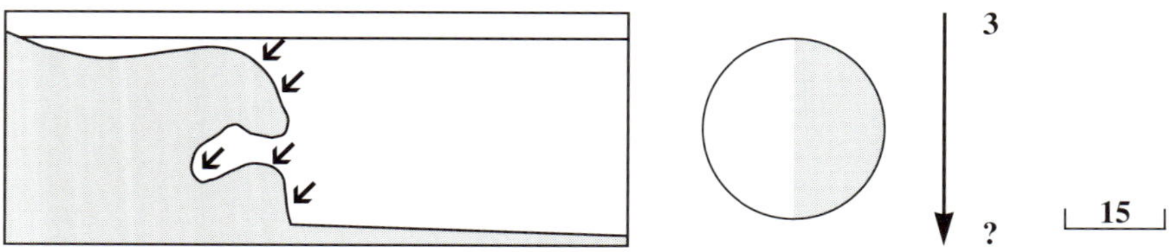

Die Art lebt meist in Spalten, in die sie sich tags zurückzieht. Ob das gelbe Exemplar (Insert) eine Farbvariante oder eine andere Art ist, ist ungeklärt. This species lives mostly in crevices into which it retreats during the day. Whether the yellow specimen (insert) is a colour variation or a different species is unknown.

oben links: Pilz-Lederkoralle – Mushroom soft coral – *Sarcophyton trocheliophorum*
oben rechts: Brokkoli-Lederkoralle – Broccoli soft coral – *Lithophytum arboreum*
unten: Orangefarbene Lederkoralle – Orange alcyonarian – *Minabea aldersladei*

Weich- und Lederkorallen Soft Corals Alcyonaria

Unbestimmte Weichkorallen – unidentified soft corals

Die verschiedenen Arten von Weichkorallen aus der Familie Nephtheidae können nur anhand ihrer Skelettnadeln sicher bestimmt werden, da die einzelnen Arten in ihrer Färbung sehr variabel sein können. Durch die Aufnahme von Wasser können sich die Kolonien, vor allem nachts, voll ausstrecken, durch Wasserabgabe können sie sich, vor allem tagsüber, stark zusammenziehen. Bei den meisten Arten kann man im voll ausgestreckten Zustand die Skelettnadeln im durchscheinenden Körper gut erkennen.

The different soft coral species of the Nephtheidae family can only be identified with the aid of skeleton spicules as some species can be very variable in colour. Through intake of water, colonies can, particularly at night, extend completely and shrink, particularly during the day, through the release of water. With most species, in fully extended condition, one can easily see the skeletal spicules shining through.

unten und rechte Seite: verschiedene unbestimmte Weichkorallen – different unidentified soft corals

Hornkorallen Gorgonians Gorgonaria

Hornkorallen (Ordnung Gorgonaria) sind mit mehr als 1.200 Arten vertreten und besitzen ein horniges und/oder kalkiges Achsenskelett, das von einem rindenartigen Weichkörper mit den Polypen überzogen wird.

The more than 1,200 gorgonian species (order of Gorgonarea) have a horny and/or calcareous axial skeleton, covered with a bark-like soft tissue containing polyp organisms.

Rote Peitschenkoralle – Red sea whip – *Junceella rubra*

Rote Peitschenkorallen bevorzugen beschattete Standorte, z. B. im Bereich von Höhleneingängen und unter großen Überhängen. Die Polypen dieser bis zu einen Meter langen Art sind tagsüber meist vollständig eingezogen.

Red sea whips prefer shady locations, for instance, in entrances to caves and below large overhangs. During the day, polyps of this species which can grow up to a metre are mostly inverted.

rechts: unbest. Gorgonie – unidentified sea fan – *(Elisella sp. ?)*
Insert: unbest. Gorgonie – unidentified sea fan
unten: Rote Peitschenkoralle – Red sea whip – *Junceella rubra*

Hornkorallen Gorgonians Gorgonaria

Riesengorgonie – Giant sea fan – *Subergorgia sp.*
Netz-Gorgonie – Net sea fan – *Acabaria sp.*
Vielfarbige Grottengorgonie – Multi-colored sea fan – *Melithaea sp.*
Zweifarbige Gorgonie – Two-colored sea fan – *Plexaura sp.*

Bei allen vier auf dieser Doppelseite abgebildeten Gorgonien ist die genaue Artbestimmung nur anhand von Skelettmerkmalen möglich. Die Riesengorgonie ist mit bis zu 2 m Durchmesser die größte Art, während die Netzgorgonie nur bis 45 cm und die Vielfarbige Grottengorgonie bis 30 cm Durchmesser erreichen. Die Zweifarbige Gorgonie wird bis 50 cm groß.

An exact identification of all four gorgonians displayed on this double page is only possible with the aid of skeletal characteristics. With a diameter of up to 2 m, the giant sea fan is the largest species whilst the net sea fan only reaches a diameter of up to 45 cm and the multi-coloured sea fan a diameter of up to 30 cm. The two-coloured sea fan reaches a diameter of up to 50 cm.

Zweifarbige Gorgonie – Two-colored sea fan – *Plexaura sp.*

oben: Riesengorgonie – Giant sea fan – *Subergorgia sp.*
unten: Netz-Gorgonie – Net sea fan – *Acabaria sp.*
Insert: Vielfarbige Grottengorgonie – Multi-colored sea fan – *Melithaea sp.*

Seefedern Sea-Pens Pennatularia

Bei den ca. 300 Seefederarten (Ordnung Pennatularia) handelt es sich nicht um Einzeltiere, sondern um Kolonien mit zahlreichen, in der Regel vergleichsweise kleinen Einzelpolypen. Die oft federförmigen Kolonien sind auf sandige oder schlickige Böden angewiesen, in denen sie sich mit einem fleischigen Stiel verankern. Durch ihre Fähigkeit, langsam über den Boden kriechen zu können, sind sie zu einem Wechsel ihres Standorts fähig. Bei Störungen können sie sich vollständig in den Boden zurückziehen. Da viele Arten nachtaktiv sind, kann man Seefedern nur selten am Tage (z. B. in Höhlen) begegnen.

The approximately 300 sea-pen species (order of Pennatularia) are not individual animals but colonies of numerous, usually comparatively small individual polyps. The often feather-shaped colonies depend on sandy or muddy seabeds into which they fix their stalk stem. Their ability to crawl slowly over the floor enables them to change location. If disturbed, they can retreat completely into the seabed. Because many species are nocturnal, sea-pens can rarely be seen during the day (but can seen, for instance, in caves).

rechts: Höhlen-Seefeder – Cave sea-pen – *Pteroeidida sp.*
unten: unbest. Seefedern – unidentified sea-pens – *Virgularia sp.*

RIPPENQUALLEN COMB JELLIES CTENOPHORA

Rippenquallen, die einen eigenen Tierstamm bilden, kommen weltweit mit nur ca. 80 Arten vor. Von den Nesseltieren unterscheiden sie sich dadurch, daß sie keine Nesselzellen besitzen. Außerdem besitzen sie meist acht Wimpernreihen, die rippenförmig in Längsrichtung auf der Körperoberfläche angeordnet sind und den im Plankton treibenden Tieren eine gewisse Eigenbeweglichkeit ermöglichen. Rippenquallen ernähren sich räuberisch von anderen Planktonorganismen, wie z. B. den planktonischen Larven von Krebsen und Fischen. Ihre Opfer erbeuten sie mit Hilfe von Klebzellen.

The independent phylum of comb jellies occurs worldwide in only approximately 80 species. They differ from jellyfish in that they have no nematocysts. Additionally, most of them have eight rows of cilia arranged comb-like vertically on the body surface which give the animals floating in plankton a certain degree of mobility. Comb jellies are predatory feeders of other plankton organisms, for instance, plankton larvae of crabs and fish. They catch their prey with the aid of adhesive cells.

SCHNURWÜRMER NEMERTINE WORMS NEMERTINI

Bei Schnurwürmern (Stamm Nemertini) handelt es sich um band- oder schnurförmige, meist farbig gemusterte Würmer. Ihr Körper ist stets ungegliedert und kann sowohl sehr lang ausgestreckt als auch stark zusammengezogen werden. Der Kopf ist nur wenig vom Körper abgesetzt und besitzt einen vorstreckbaren Rüssel und eine Vielzahl (200 und mehr) von einfach gebauten Augen. Schnurwürmer leben sehr versteckt. Die Mehrzahl der Arten ernährt sich von Aas oder räuberisch, wobei die Tiere zum Teil Beute überwältigen können, die größer ist als sie selber. Das abgebildete Tier ist nur 3–4 cm groß.

Nemertine worms (Nemertea phylum) are mostly coloured ribbon or string-shaped worms. The body is usually unsegmented and often extended greatly during movement. The head contrasts only slightly with the body, has an eversible proboscis and numerous (200 or more) basic eyes spots. Most nemertine worms are bottom-dwellers. Most species are scavengers or predators whilst some of these animals can cath prey which is larger than they are. The animal shown is only 3-4 cm in size.

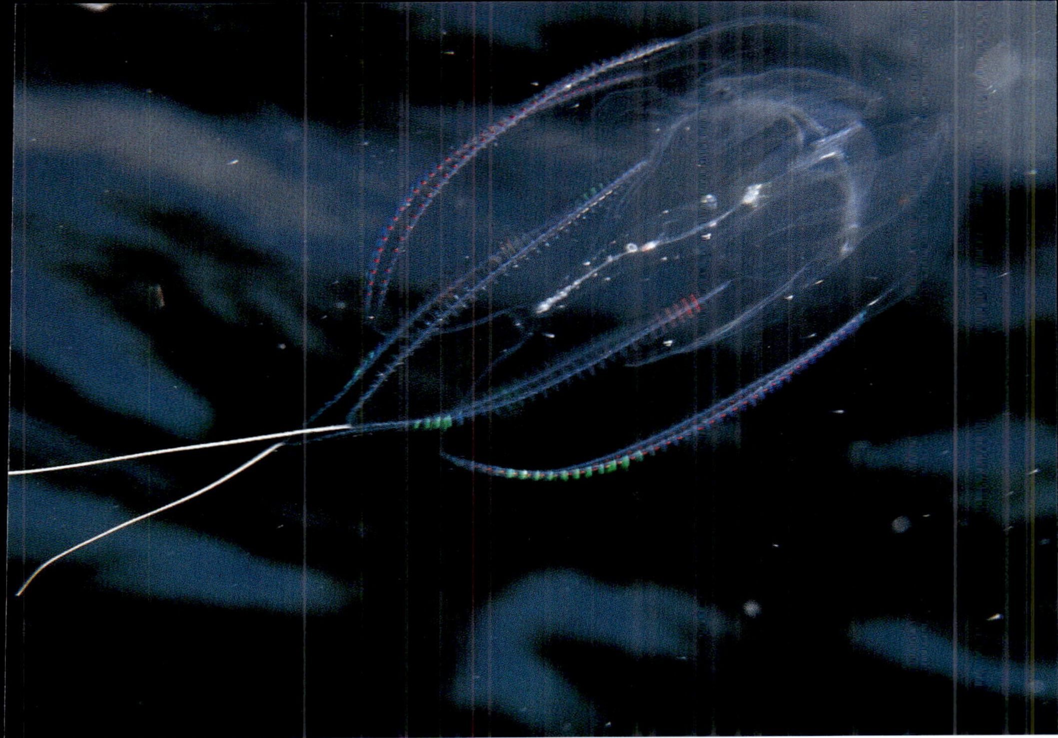

Rippenqualle (unbest. Art) – comb jelly (unidentified species)

Schnurwurm (unbest. Art) – Nemertine worm (unidentified species)

PLATTWÜRMER FLATWORMS PLATHELMINTHES

Die Plattwürmer, die Taucher in den Gewässern der Malediven zu Gesicht bekommen, gehören fast ausnahmslos zu den Strudelwürmern oder Planarien, die eine eigene Klasse innerhalb des Tierstammes Plattwürmer bilden. Sie sind weltweit mit ca. 3.400 Arten vertreten, wobei die Mehrzahl der Arten im Meer lebt. Sie zeichnen sich durch einen ausgesprochen flachen und ungegliederten Körper aus. Die meisten Strudelwürmer sind kaum größer als 5 mm, viele sind sogar kleiner als große Einzeller. Die größte Art, ein Landbewohner, erreicht eine Größe bis 60 cm.
Selbst bei den größeren und oft auffällig gefärbten Arten ist es in den meisten Fällen nicht möglich, die exakte Artzugehörigkeit zu ermitteln. Die meisten „Großformen" tropischer und gemäßigter Meere gehören jedoch zur Ordnung Polycladida, deren Vertreter eine Körperlänge bis zu 80 mm erreichen können und teilweise als Kommensalen leben.
Viele der Meeresbewohner unter den „großen" Plattwürmern sind sehr auffällig gefärbt. Bei fast durchscheinend gefärbten Arten kann man gut die inneren Organe, vor allem den reich verzweigten Darm, erkennen. Die Seitenränder des Körpers sind bei den meisten Arten deutlich gewellt. Im vorderen Teil des Körpers befinden sich meist ein Paar Tentakel sowie die Augen. Plattwürmer werden oft für Nacktschnecken gehalten. Von diesen unterscheiden sie sich aber eindeutig durch ihren auffallend flachen Körper und das Fehlen einer Kiemenkrone.

Flatworms seen by divers in the Maldives belong almost entirely to the turbellaria worms or planaria which form their own class within the flatworm phylum. Worldwide approximately 3,400 species exist whilst the majority of the species are marine forms. They are characterised by an exceedingly flat and unsegmented body. Turbellarian worms usually reach a size of up to 5 mm, many are even smaller than large unicellular organisms. The largest species, which lives on land, reaches a size of up to 60 cm.
It is generally impossible to make an exact identification even with larger and conspicuously coloured species. But most "large species" in tropical and moderate oceans belong to the order of Polycladida whose members reach a length of up to 80 mm and live in commensality.
Many "large" flatworms are coloured very conspicuously. With almost transparent species one can see internal organs, particularly the many-branched intestine. The body of most species is distinctively leaf-shaped. In the front part of the body there is usually a pair of tentacles and the eye-spots.
Flatworms are often confused with nudibranchs from which they clearly differ through their conspicuous body and the lack of a crown of gills.

Orange-blauer Plattwurm – Orange-blue flatworm – *Pseudoceros dimidiatus*
Orange-schwarz-gerandeter Plattwurm – Orange-black edged flatworm – *Pseudoceros bimarginatus*

PLATTWÜRMER FLATWORMS PLATHELMINTHES

Die Mehrzahl der marinen Plattwürmer ernährt sich räuberisch von verschiedenen Einzellern, kleinen Krebsen, Würmern und anderem. Dabei können sie oftmals Beutetiere verschlingen, die deutlich größer sind als sie selbst. Vor allem die Polycladida sind wohl zum größten Teil ausgesprochene Schlinger. Arten der Gattung *Thysanozoon* zum Beispiel können laut Literatur „aber auch größere Tiere wie die Seescheide *Cionia* anbohren und in binnen 12–15 Stunden völlig leer saugen".
Neben „Weidegängern", die über Kolonien von Seescheiden und Moostierchen herkriechen und mit ihrem Schlund, dem Pharynx, Nahrungsbrocken herausreißen, gibt es auch richtige „Wegelagerer", die ihrer Beute auflauern und sie blitzschnell überwältigen. Manche Plattwurmarten erlangen ihre Nahrung dadurch, daß vor allem kleine Krebse in den beim Kriechen abgeschiedenen Schleimfäden hängenbleiben und durch Zappeln den Plattwurm alarmieren. Bei allen größeren Arten geschieht der Überfall blitzschnell durch Vorstoßen oder Seitwärtswenden des Vorderendes, das das Opfer schnell umschlingt und zur Mundöffnung schiebt. Reichliche Ausscheidung von klebrigem Schleim aus Haut- oder langen Kopfdrüsen ermöglicht das sichere Festhalten der Beute. Doch manche Arten haben sich noch mehr einfallen lassen, um ihre Beute zu überwältigen. So besitzen manche einen Saugnapf auf der Unterseite des Kopfes. Bei einer anderen Gruppe wird ein Fangrüssel außerhalb der Mundregion gebildet, der einen vorstoßbaren Stempel mit vielen

Most marine flatworms prey on various unicellular organisms, small crabs, worms etc. They can often devour prey larger than themselves. Polycladida devour particularly heavily. Species of the *Thysanuran* genus can, according to literature, "drill into larger animals like sea squirts *(Cionia)* and suck them dry within 12 to 15 hours".
Besides "browsers", which crawl over sea squirt and bryozoan colonies and tear out pieces of food with their pharynx, real "highwaymen" exist who waylay their prey. Some flatworms catch their prey through excreted slimy threads in which particularly small crabs get caught, alerting the flatworm with their movements. All larger species attack their prey at lightning speed by pushing the front of the body forwards or sideways embracing their prey and pushing it into the oral aperture.
Plenty of adhesive excretion through the skin or long head glands enables the animal to hold the prey safely. But some species have even more ways to overpower their prey. Some have a sucker beneath the head. Another group developed a proboscis along the oral area which has an eversible pistil with many

oben: Goldwarzen-Plattwurm – Gold wart flatworm – *Thysanuzoon flavomaculatum*
Insert: *Acanthozoon sp.*
unten: schwimmend – swimming

PLATTWÜRMER FLATWORMS PLATHELMINTHES

Klebdrüsen oder einer muskulösen Kneifzange besitzt. Die ausgefallenste Technik wenden jedoch einige an, indem sie ihre Beute mit Hilfe ihres stilettförmigen, cuticularisierten Penis, der mit Giftdrüsen in Verbindung steht, lähmen. Bei einer Gattung kann er zu diesem Zweck sogar aus der Mundhöhle herausgeschnellt werden.
In dem reichverzweigten Darmsystem findet die Verdauung statt, wobei allen Plattwürmern ein After fehlt. Unverdauliches Material muß dementsprechend durch den kräftigen Schlund wieder ausgeschieden werden. Die kriechende Fortbewegung, bei der die Tiere mit einer erstaunlichen Geschwindigkeit über den Untergrund gleiten können, wird durch ein dichtes Wimpernkleid ermöglicht. Durch wellenförmiges Schlagen mit den Körperrändern können die Tiere aber auch gut schwimmen.
Marine Plattwürmer sind sogenannte Hermaphroditen, also Zwitter. Ihre Geschlechtsorgane bieten eine außergewöhnliche Vielfalt in bezug auf Lage, Gestalt, Größe und Art der Ausmündung. Entweder sind eine männliche und eine weibliche Geschlechtsöffnung vorhanden, oder es tritt noch eine besondere Begattungsöffnung hinzu, oder die männlichen und weiblichen Ausführgänge vereinigen sich in einem gemeinsamen Atrium, das mit einer einzigen Öffnung nach außen mündet.

adhesive glands or a muscular pliers. But the most unusual method is used by some species which paralyse their prey with a stiletto-shaped, cuticularised penis which is connected to poisonous glands. One species is even able to "shoot" it out of its oral cavity.
Digestion takes place in the multi-branched intestinal system but all flatworms lack an anus. Undigestible material must therefore be excreted through the powerful pharynx. The crawling movement, with which the animals can glide over the seabed at astonishing speed, is made possible by the densely ciliated epidermis. Rippling muscular contractions of the body rim enables them to swim.
Marine flatworms are so-called hermaphrodites. Their reproductive system is astonishingly different with regard to position, shape, size and kind of exhalant aperture.

Schwarzer Plattwurm – Black flatworm – *Pseudoceros splendidus*
Insert und unten: Farbvarianten oder andere Arten (?) –
color varieties or different species (?)

PLATTWÜRMER FLATWORMS PLATHELMINTHES

Nach Erreichen der Geschlechtsreife suchen sich die Tiere aktiv auf und begatten sich in der Regel nach lebhaftem Umherkriechen und Betasten gegenseitig. Die Eier können entweder einzeln auf einem kleinen Stiel an Steinen oder Algen befestigt werden oder als Eikokon abgelegt werden.
Bei Verletzungen zeigen Plattwürmer ein erstaunliches Regenerationsvermögen. Diese Fähigkeit geht so weit, daß sich aus winzigen Körperteilen vollständige Tiere entwickeln können. Da der Körper keinerlei feste Skelettelemente enthält, können sie sich in kleinste Spalten hinein- und durch winzige Löcher hindurchzwängen.
Der Lebensraum ist je nach Art verschieden. So kann man diese Tiere fast in allen Tiefen überall antreffen, z. B. unter Steinen, in Pflanzenbeständen, in Muschel- und Austernkulturen und auf verschiedensten anderen Tierbeständen.

Either a male or female genital aperture or even a special copulatory opening exist or the male and female exhalant apertures unite to form a joint atrium which leads to a singular external aperture.
After sexual maturity, the animals visit each other and usually mate following active crawling around and reciprocal touching. The eggs are either attached individually to stones or algae by a small stalk or deposited as cocoons.
If wounded, flatworms show astonishing regeneration. This capability goes so far that tiny limbs can develop into entire animals. Because the body contains no solid skeletal elements, they can squeeze through tiny crevices and holes.
But the habitat of each species is different. These animals can be found in almost all depths, for instance, beneath stones, plant colonies, in bivalve and oyster cultures and on other animals.

Elfenbein-Plattwurm – Ivory flatworm – *Pseudoceros sp.*

Unbest. Plattwurm – unidentified flatworm

IGELWÜRMER ECHINROID WORMS ECHIURIDA

Aus dem Tierstamm Igelwürmer sind nur ca. 150 Arten bekannt. Auf dem Bild ist der zweilappige Rüssel eines Weibchens einer Bonellia zu sehen, der zur Nahrungsaufnahme herausgestreckt wird und den Boden nach Kleinorganismen und organischem Material abtastet. Der Körper bleibt dabei in einem Loch oder einer Spalte versteckt. Die Männchen sind nur wenige Millimeter klein und „schmarotzen“ an den Weibchen. Das Geschlecht der Larven ist noch nicht festgelegt. Gelangt eine Larve in eine leere Spalte, dann entwickelt sie sich zu einem Weibchen, gelangt sie in eine Spalte mit einem Weibchen, dann entwickelt sie sich zum Zwergmännchen.

Only approximately 150 species of the Echiuroid worm phylum are known. The picture shows the bilobed proboscis of a female animal, a Bonellia, which is extended for food intake and searches on the seabed for small organisms and organic materials whilst the body hides in a hole or crevice. The ciliated males live within the female body. The sex of the larvae is undefined. If a larvae are isolated most of them develop into females; should the larvae find a female, the become attached and develop into dwarf males.

TENTAKELTRÄGER TENTACULATES TENTACULATA

Die mehr als 4.300 Arten aus dem Tierstamm Tentakelträger sind in der Regel festsitzende, in Gehäusen, Schalen oder Röhren lebende Tiere, die um ihre Mundöffnung einen Tentakelapparat zur Nahrungsaufnahme und zum Gasaustausch besitzen.

The more than 4,300 species of the phylum Tentaculata are typically sessile animals, living in shells, tubes or valves with a tentacle-like apparatus around the mouth for feeding and respiration.

MOOSTIERCHEN BRYOZOANS BRYOZOA

Die wenigen Moostierchenarten (Klasse Bryozoa), die von den Malediven bekannt sind, bilden überwiegend nur kleine und unauffällige Kolonien.

The few species of moss animals (class Bryozoa) known in the Maldives form mainly small, inconspicuous colonies.

Igelwurm (unbest. Art) – Echinroid worm (unidentified species)

Moostierchen (unbest. Art) – bryozoan (unidentified species)

RINGELWÜRMER SEGMENTED WORMS ANNELIDA

VIELBORSTER POLYCHAETS POLYCHAETA

Die marinen Vielborster (Klasse Polychaeta), die besser unter dem Namen Borstenwürmer bekannt sind, können entsprechend ihrer Lebensweise in zwei Gruppen unterteilt werden: die freilebenden, meist räuberischen Errantia und die festsitzenden Sedentaria, zu denen unter anderem die Röhrenwürmer gehören. Diese ernähren sich von Plankton und anderem organischen Material, das sie mit Hilfe ihrer Tentakelkrone aus dem Wasser filtrieren. Die Tentakelkrone dient auch dem Gasaustausch.

Marine polychaets (class Polychaeta), better known under the name of bristle worms, can, according to their way of life, be classified into two groups: freely living mostly predatory errantians and sessile sedentarians to which belong, among others, the tube worms. They eat plankton and other organic materials which they filter out of the water with the aid of their tentacle crown. The tentacle crown is also used for respiration.

Federwurm – Fan worm – *Sabellastarte sp.*

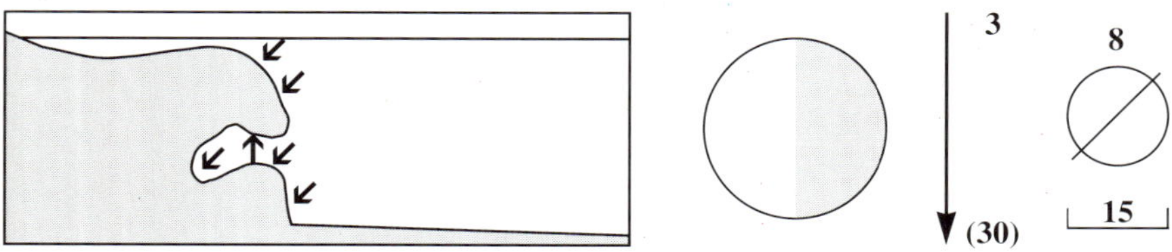

Die genaue Artbestimmung von Federwürmern der Gattung *Sabellastarte*, die eine pergamentartige Wohnröhre besitzen, ist nach Fotos meist nicht sicher möglich. Bei Gefahr ziehen sie sich wie alle Röhrenwürmer blitzschnell in ihre Röhre zurück. Die Tiere besitzen keinen Deckel zum Verschließen ihrer Röhre.

An exact identification of photographed fan worms of the *Sabellastarte* genus, which live in membranous dwelling-tubes, is generally impossible. If danger arises they retreat quickly, like all tube worms, into their tubes. They have no operculum to close their tube.

Federwurm – Fan worm – *Sabellastarte sp.*

VIELBORSTER POLYCHAETS POLYCHAETA

Bunter Spiralröhrenwurm – Christmas-tree-worm –
Spirobranchus giganteus

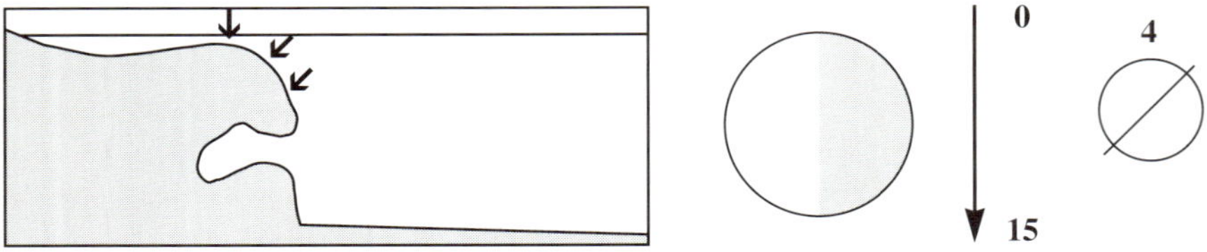

Wie das Foto zeigt, kann diese Art ausgesprochen variabel in ihrer Färbung sein. Ihre Kalkröhre ist fast immer vollständig in den massiven Blöcken von verschiedenen Korallen (z. B. *Porites*, *Milepora*) eingewachsen. Die Tiere können ihre Röhre bei Gefahr mit einem Deckel (Operculum) verschließen, bei dem es sich um einen umgewandelten Tentakel ihrer Tentakelkrone handelt.

As shown on the photo, this species can vary in colour. Its calcareous tube is almost always grown in entirely between solid blocks of various corals (for instance, *Porites, Milepora).* If danger arises, these animals can close their tubes with lids (operculum) which are the adapted tentacle of their tentacle crown.

Verflochtener Kalkröhrenwurm – Tangled tube worm – *Filogranella sp.*

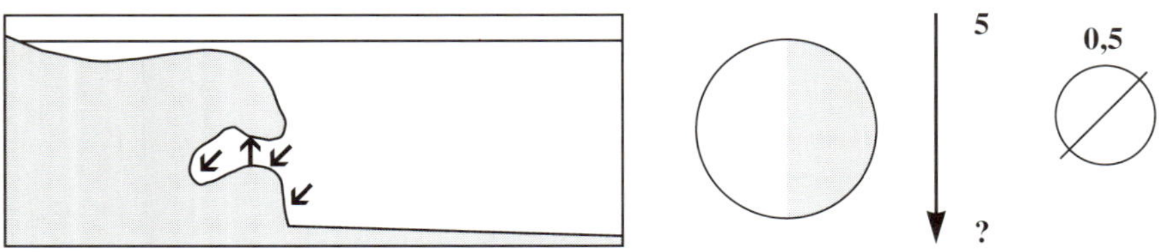

Die bis 30 cm großen Kolonien dieser Art leben als Aufwuchs auf verschiedenen Substraten. Dabei sind die extrem dünnen Kalkröhren der winzigen Einzeltiere stets zu dickeren „Ästen“ miteinander verflochten.

The colonies up to 30 cm in size of this species overgrow various substrates. The extremely thin calcareous tubes of the minute animals are always intertangled to thicker "branches".

Bunter Spiralröhrenwurm – Christmas-tree-worm – *Spirobranchus giganteus*

Verflochtener Kalkröhrenwurm – Tangled tube worm – *Filogranella sp.*

WEICHTIERE MOLLUSKS MOLLUSCA

Die Weichtiere bilden nach den Gliederfüßern, den Arthropoda, den zweitgrößten Tierstamm. Von den weltweit ca. 130.000 Arten lebt die weitaus größte Anzahl im Meer. Nur eine vergleichsweise geringe Artenzahl lebt im Süßwasser, und noch weniger Arten haben den Übergang zum Landleben geschafft. Charakteristisches Merkmal für die Mehrzahl der Weichtiere ist der Besitz einer harten Schale (bei manchen Gruppen mehr oder weniger reduziert), die neben der Stütz- auch eine Schutzfunktion übernehmen kann. Innerhalb des Tierstammes der Weichtiere haben sich einige verschiedene Gruppen (= Klassen) entwickelt, von denen die Schnecken, die Muscheln und die Kopffüßer die wichtigsten sind. Sie unterscheiden sich nicht nur äußerlich deutlich voneinander, sondern haben auch völlig verschiedene Lebensweisen ausgebildet und ganz unterschiedliche ökologische Nischen in den Meeren besetzt. Von den drei angesprochenen Weichtierklassen haben nur die Schnecken, neben ihrer Verbreitung im Meer und im Süßwasser, den Übergang zum Landleben geschafft. Die Muscheln sind ausschließlich im Meer und im Süßwasser anzutreffen, während die Kopffüßer eine rein marine Tiergruppe geblieben sind.

After arthropods, molluscs form the second largest phylum. Most of the approximately 130,000 species worldwide live in oceans. Only a comparatively small number of species live in fresh water and even fewer species made the transition to terrestrial life. The characteristic of most molluscs is their hard shell (with some groups more or less reduced) which has, besides a stabilising function, a protective function. Within the mollusc phylum different groups (= classes) developed of which snails, bivalves and cephalopods are the most important ones. They differ not only externally but have an entirely different way of life and occupy entirely different marine ecological niches.
From the above mentioned three mollusc classes, only snails have managed, besides their occurrence in oceans and fresh water, to terrestrial life. Bivalves can only be found in oceans and fresh water whilst cephalopods remain entirely a marine animal class.

Große Mördermuschel – Great clam – *Tridacna squamosa*

SCHNECKEN SNAILS GASTROPODA

Schnecken (Klasse Gastropoda), von denen es mehr als 110.000 Arten gibt, besitzen in der Regel eine einteilige, oftmals spiralig aufgerollte Schale. Der Körper ist meist deutlich in vier Abschnitte untergliedert: Kopf, Fuß, Eingeweidesack und Mantel. Am Kopf befinden sich die Mundöffnung, ein Paar Fühler und die Augen. Der Fuß bildet meist eine kräftige, muskulöse Kriechsohle und ist bei einigen Arten sogar zu einem Schwimmorgan ausgebildet. Der Eingeweidesack ist in der Regel sackartig aus dem Körper ausgestülpt, spiralig aufgerollt und befindet sich in der Schale, dem Schneckenhaus. Bei Arten mit teilweise oder ganz reduzierter Schale ist auch der Eingeweidesack meist nicht aus dem Körper ausgestülpt. Der Mantel schließlich ist jene Region der Körperdecke, die im Normalfall die Schale abscheidet. Bei Störungen können sich die meisten Schnecken völlig in ihr Haus zurückziehen, das zahlreiche Arten sogar noch mit einem auf der Oberseite des Fußes befindlichen Deckel fest verschließen können.

Je nach Art können Schnecken entweder getrenntgeschlechtlich oder zwittrig sein. Dabei kann es bei den penistragenden Arten zu einer inneren Befruchtung kommen, oder die Geschlechtsprodukte werden einfach ins Wasser abgegeben. Oftmals werden die befruchteten Eier in einem Gelege in Form von gallertigen Eischnüren, -bändern oder -klumpen abgelegt. Solche Gelege können viele Millionen Eier enthalten. Die schlüpfenden Larven gehen meist erst nach einer planktischen Phase zum Bodenleben über und entwickeln sich zu Jungschnecken.

Es gibt kaum eine Nahrungsquelle, die die Schnecken nicht erschlossen haben. So findet man neben rein pflanzenfressenden Weidegängern auch Aasfresser, Planktonfänger, räuberische Fleischfresser und zahlreiche ausgesprochene Nahrungsspezialisten. Unabhängig von der Ernährungsweise besitzen alle Schnecken eine sogenannte Raspelzunge oder Radula, die aus Chitin besteht und ein bandförmiges Organ mit regelmäßigen Reihen kleiner Zähnchen bildet. Form und Bau der Raspelzungenzähnchen, die oft wichtige Bestimmungsmerkmale sind, lassen genaue Rückschlüsse auf die Art der Nahrung der betreffenden Art zu. Die Raspelzunge wird beim Fressen über das Futter hin- und hergeschoben, wodurch die Nahrung abgeraspelt wird. Die Form der Radula sowie Form und Anzahl der Zähnchen können je nach Art ausgesprochen variabel sein, sind aber immer artspezifisch. Als Feinde der Schnecken findet man außer vielen Fischarten auch Seesterne, Krebse, große Borstenwürmer, räuberische Schnecken und Küstenvögel.

Bei den Vorderkiemern (Unterklasse Prosobranchia) befinden sich die Kiemen vor dem Herzen, bei den Hinterkiemern (Unterklasse Opisthobranchia) befindet sich die einzelnen Kiemen, wenn sie nicht reduziert ist, hinter dem Herzen.

Snails (class Gastropoda), which include over 110,000 species, usually have a univalved, often spirally coiled shell. Their body is usually clearly divided into four sections: head, foot, mantle and intestinal sac. The oral aperture, a pair of antennae and the eyes are at the head. The foot is mostly a powerful, muscular crawling sole which is developed in some species into a swimming organ. The intestinal sac, located in the snail-shell, is usually spirally coiled and protrudes, sack-like, from the body. With species whose shell is partially or entirely reduced, the intestinal sac does not usually protrude from the body. Finally, the mantle is the location of the body surface which usually secretes the shell. If disturbed, most snails can retreat entirely into their shell which can, in several snail species, be closed solidly with an operculum, located at the upper side of the foot.

Depending on the species, snails can belong to either sex or be hermaphrodites. With species carrying a penis, internal fertilisation may take place or the sexual products are released into open water. Fertilised eggs are often laid in gelatenous threads, ribbons or clumps. Such batches of eggs can incorporate several million eggs.

The hatching larvae usually convert after a planktonic phase to a benthic life and develop into young snails. There is almost no food source untapped by snails. Besides purely herbivorous browsers, scavengers, plankton feeders, predatory carnivores and numerous other food specialists can also be found. Whatever their diet, all snails have a rasping tongue, the so-called radula, which is a strip of chitinous membrane with may rows of minute teeth. Form and structure of the radula teeth, which are often important identification characteristics, are often used to identify the nutrition of the species. During feeding, the radula is moved back and forth over their food. Depending on the species, the shapes of the radula and teeth can vary greatly but are always species specific. The enemies of snails are, besides many fish species and starfish, crabs, large bristle worms, predatory snails and coastal birds.

With front-gilled snails (sub-class Prosobranchia), the gills are located in front of the heart; with back-gilled snails (sub-class Opisthobranchia), the single gill, if not reduced, is located behind the heart.

Vorderkiemer Front-Gilled Snails Prosobranchia

Horndeckel-Wurmschnecke – Horn-cover worm shell – ***Serpulorbis imbricatus***
Große Wurmschnecke – Great worm shell – ***Dendropoma maxima***

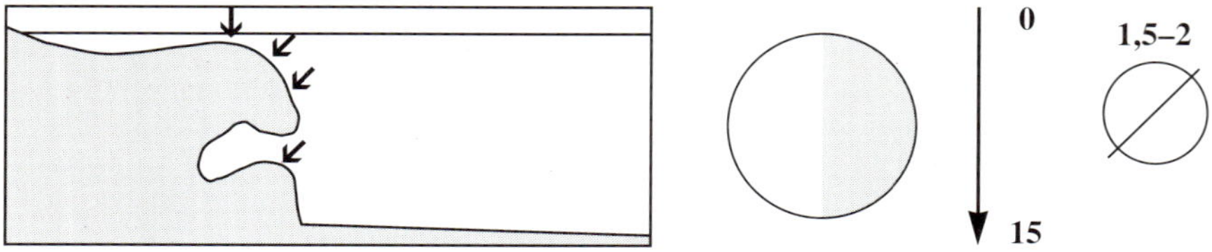

Wurmschnecken (Familie Vermetidae) sind die einzigen sessilen Schnecken. Ihr Gehäuse ist zu einer Röhre umgebildet, die der der Kalkröhrenwürmer ähnelt. In Anpassung an ihre sessile Lebensweise haben Wurmschnecken eine besondere Art der Nahrungsaufnahme entwickelt. Sie scheiden aus speziellen Drüsen im Fuß lange Schleimfäden aus, die weit ins freie Wasser ragen können. An ihnen bleiben kleine Planktonorganismen und Schwebstoffe hängen, die zusammen mit den Schleimfäden eingezogen und verspeist werden.
Die Horndeckel-Wurmschnecke (oben), deren Röhre bis 1,5 cm Durchmesser erreicht, ist an vielen Stellen in Gruppen von mehreren Tieren anzutreffen. Das obere Insert zeigt den hornigen Deckel (Name!) zum Verschließen der Röhre.
Die Röhre der Großen Wurmschnecke (unten) kann bis 15 cm lang werden und bis 2 cm Durchmesser erreichen. Das untere Insert zeigt eine Gruppe einer nicht bestimmten Wurmschneckenart, die von einem Schwamm bewachsen ist.

Worm shells (Vermetidae family) are the only sessile snails. Their shells are converted into tubes reminiscent of those of tube worms. During adaptation to their sessile way of life, worm shells developed a special system for food intake. Through special glands they excrete long slimy threads which can extend far into the open sea. Small planktonic organisms stick to them and are pulled in and eaten, together with the slimy threads.
The horn-cover shell (above) lives in a tube which reaches a diameter of up to 1.5 cm and can often be found in groups of several animals. The upper insert shows a horny operculum which is used to close the tube. The tube of the great worm shell (below) can reach a length of up to 15 cm and a diameter of 2 cm. The insert below shows a group of unidentified worm shell species, overgrown by a sponge.

oben: Horndeckel-Wurmschnecke – Horn-cover worm shell – *Serpulorbis imbricatus*
unten: Große Wurmschnecke – Great worm shell – *Dendropoma maxima*
Insert: unbest. Wurmschnecke – unidentified worm shell

Vorderkiemer Front-Gilled Snails Prosobranchia

Spinnenschnecke – Spider shell – *Lambis chiragra*

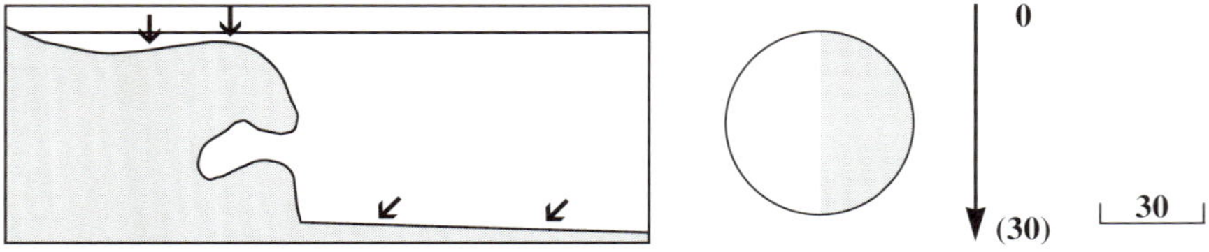

Die Spinnenschnecke (Familie Strombidae) ist ein Pflanzenfresser, der sich von Algenaufwuchs auf toten Korallen und Sand in Lagunen und auf Riffdächern ernährt. Die Oberseite ihres Gehäuses ist mit Algen bewachsen und mit Sand bedeckt. Nur die Unterseite ist im Bereich des Mantels unbewachsen (Insert). Mit einem langen, sichelförmigen Horndeckel kann die Art ihr Gehäuse verschließen.

The spider shell (Strombidae family) is herbivorous and feeds on algal growth on dead corals, reef crests and sand in lagoons. The upper side of the shell is covered with algae and sand. Only the lower area of the mantle is uncovered (insert). This species can close its shell with its long, crescent-shaped horny operculum.

Gobelin-Turbanschnecke – Tapestry turban – *Turbo petholatus*

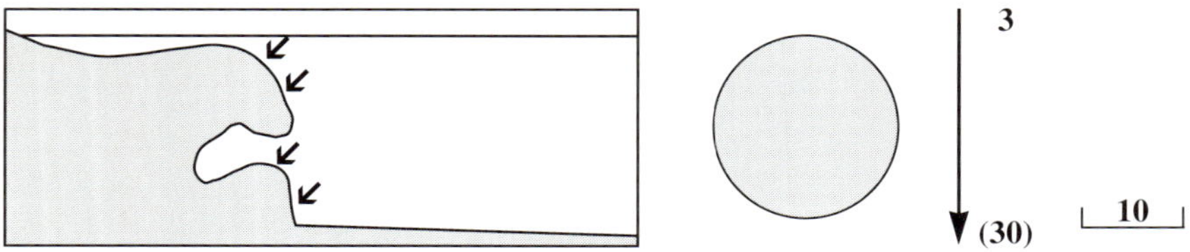

Diese Art ist wie alle Turbanschnecken (Familie Turbinidae) ein Pflanzenfresser. Zum Schutz vor Feinden kann sie ihr prächtig glänzendes Gehäuse mit einem verkalkten Deckel verschließen (Insert).

Like all turbans (Turbinidae family), this shell is herbivorous. To protect itself against enemies, it can close its magnificent shell with a calcareous operculum (insert).

Spinnenschnecke – Spider shell – *Lambis chiragra*

Gobelin-Turbanschnecke – Tapestry turban – *Turbo petholatus*

Vorderkiemer Front-Gilled Snails Prosobranchia

Leopard-Kaurischnecke – Tiger cowry – *Cypraea tigris*

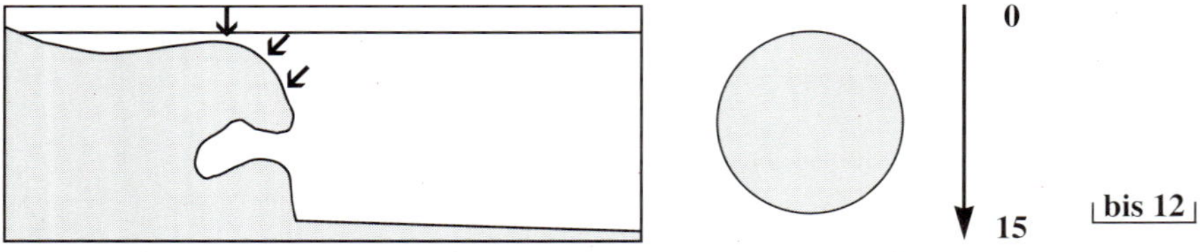

Kaurischnecken (Familie Cypraeidae) zeichen sich durch ihr meist eiförmiges Gehäuse aus. Der porzellanartige Glanz bleibt dadurch erhalten, daß der Mantel des lebenden Tieres das Gehäuse bedeckt und somit das Festsetzen von Aufwuchsorganismen verhindert.
Die Leopard-Kaurischnecke kann variabel gefärbt sein (Insert). Sie ist ein Allesfresser und ernährt sich überwiegend von Algen.

Cowry shells (Cypraeidae family) mostly have an egg-shaped shell. The porcelain-like gloss lasts because living species cover the shell with their mantle which avoids the settlement of ectocommensals.
The tiger cowry can vary in colour (insert). It is an omnivore but eats mostly algae.

Geld-Kaurischnecke – Money cowry – *Cypraea moneta*
Gebänderte Kaurischnecke – Banded cowry – *Cypraea carneola*

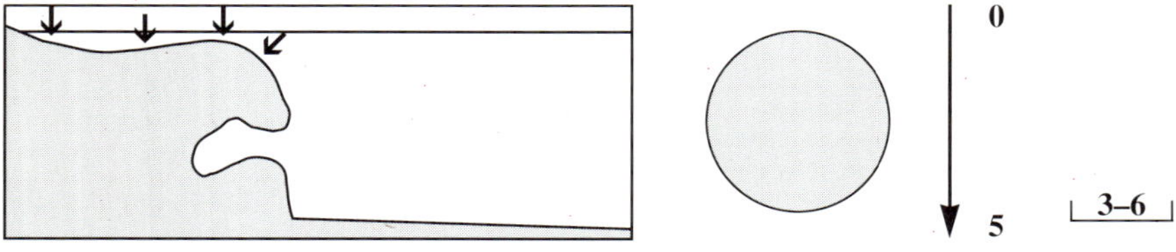

Die Geld-Kaurischnecke, die bis 3 cm groß werden kann, ist ein Allesfresser, der sich überwiegend von Algen ernährt. Ihre Gehäuse wurden in weiten Teilen des Indopazifiks als Zahlungsmittel genutzt. Die Gebänderte Kaurischnecke (Insert) wird bis 6 cm groß.

The money cowry can reach a size of up to 3 cm and is an omnivore which eats mostly algae. In large parts of the Indo-Pacific, its shells were used as means of payment. The banded cowry (insert) can reach a size of up to 6 cm.

oben: Leopard-Kaurischnecke – Tiger cowry – *Cypraea tigris*
unten: Geld-Kaurischnecke – Money cowry – *Cypraea moneta*
Insert: Gebänderte Kaurischnecke – Banded cowry – *Cypraea carneola*

Vorderkiemer Front-Gilled Snails Prosobranchia

Marmorierte Tonnenschnecke – Patridge tun – *Tonna perdix*

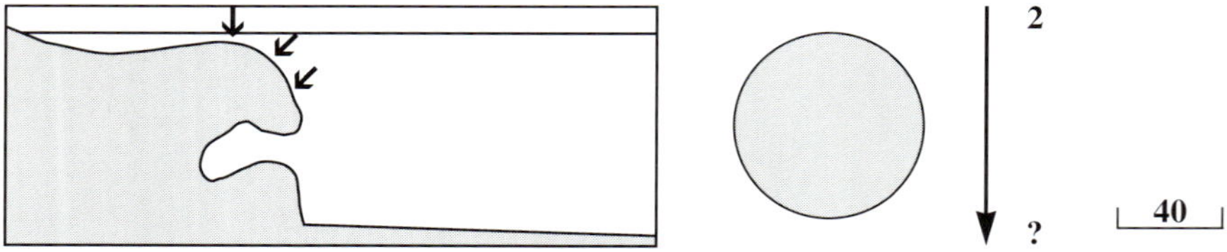

Tonnenschnecken (Familie Tonnidae) ernähren sich vor allem von Schnecken, Muscheln und Seegurken. Die sehr schnellen Tiere saugen sich an ihrer Beute fest und injizieren mit ihren umgeformten Mundwerkzeugen 3–4%ige Schwefelsäure in ihr Opfer.

Tun shells (Tonnidae family) eat mostly snails, bivalves and sea cucumbers. The fast moving animals attach themselves to their prey and inject sulphuric acid (content of 3–5 %) into their prey with their mouth parts.

Dunkelbraune Leistenschnecke – Dark brown murex – *Chicoreus palmarosae*
Karierte Turmschnecke – Auger shell – *Terebra areolata*

Die bis 10 cm große Dunkelbraune Leistenschnecke gehört zur Familie Stachelschnecken, Muricidae. Die namensgebenden Leisten auf dem Gehäuse und die Färbung kann man bei dem abgebildeten Tier nicht erkennen, da es von einem Schwamm bewachsen ist.
Die Karierte Turmschnecke (Insert) aus der Familie Turmschnecken, Turridae, kann bis 8 cm groß werden. Die nachtaktive Art lebt bereits ab dem Flachwasser meist eingegraben im Sandboden (Lagune). Wirkungsvolle Giftdrüsen dienen dem Beutefang.

The dark brown murex belongs to the Spiny shells (Muricidae family) and can reach a size of up to 10 cm. The moulding and colour on its shell cannot be seen on the animal shown because it is overgrown by a sponge.
The Auger shell (insert) belongs to the Tower shells (Turridae family) and can reach a size of up to 8 cm. This nocturnal species lives in shallow and deeper water, dug into the sandy seabed (lagoon). The effective venomous glands help to catch prey.

oben: Marmorierte Tonnenschnecke – Patridge tun – *Tonna perdix*
unten: Dunkelbraune Leistenschnecke – Dark bworn murex – *Chicoreus palmarosae*
Insert: Karierte Turmschnecke – Auger shell – *Terebra areolata*

Vorderkiemer Front-Gilled Snails Prosobranchia

Weißband-Kegelschnecke – White banded cone shell – *Conus vexillum*
Landkarten-Kegelschnecke – Geography cone – *Conus geographus*
Falsche Textil-Kegelschnecke – Omaria cone – *Conus omaria*

Das Gehäuse der Kegelschnecken (Familie Conidae) besitzt einen sehr engen und langen Mündungsschlitz. Mit Hilfe ihres rüsselförmigen Schlundrohres können sie pfeilähnliche Giftzähne „abschießen", mit denen sie ihre Beute (Würmer, andere Schnecken oder Fische) töten oder lähmen. *C. omaria* 7,5 cm, *C. vexillum* 9 cm, *C. geographus* 16 cm. **Vorsicht! Das Gift, vor allem von Fischfressern, kann für Menschen lebensgefährlich werden!**

The shells of Cone shells (Conidae family) have a very narrow, long slit. A coiled tube inside the proboscis mouth "ejects" dart-like venomous teeth with which their prey (worms, other shells or fish) is killed or paralysed. *C. omaria* 7.5 cm; *C. vexillum* 9 cm; *C. geographus* 16 cm. **Warning: the venom of fish eaters in particular can be fatal for man!**

Falsche Textil-Kegelschnecke – Omaria cone – *Conus omaria*

Weißband-Kegelschnecke – White banded cone shell – *Conus vexullum*

Landkarten-Kegelschnecke – Geography cone – *Conus geographus*

Hinterkiemer Back-Gilled Snails Opisthobranchia

Bei vielen Hinterkiemer-Schnecken ist das Gehäuse teilweise oder sogar völlig reduziert. Neben der Ordnung Nacktschnecken gehören auch die Ordnungen Seehasen-Verwandte, Saftsauger und Flankenkiemer zu dieser Unterklasse.
The shell of many back-gilled snails is partly or entirely reduced. Besides the order of nudibranchs, the orders sea hares sap suckers and side-gilled snails also belong to this sub-class.

Samtblaue Schwammschnecke – Velvet-blue sponge snail

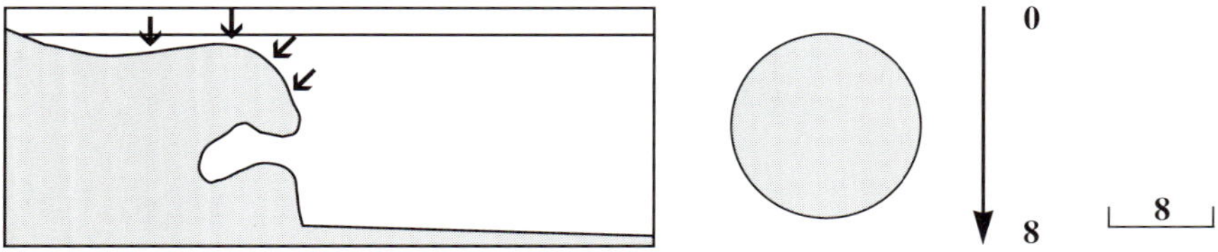

Obwohl diese Art, die oft mit einem Schwamm verwechselt wird, auf den Malediven häufig ist, war es nicht möglich, sie bestimmen zu lassen.
Despite the fact that this species, which is often confused with a sponge, is common in the Maldives, it proved impossible to identify.

Seehasen-Verwandte Sea Hares Anaspidea

Seehase (unbest. Art) – Sea hare (unidentified species)

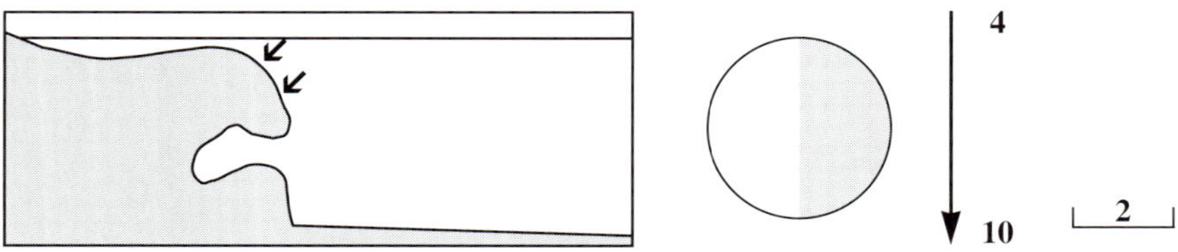

Diese nicht näher bestimmte Art wird meist wegen ihrer unauffälligen Färbung und ihrer geringen Größe übersehen. Seehasen (Familie Aplysiidae) besitzen eine kleine blattförmige Schale, die vom Mantel überdeckt wird.
This unidentified species is often overlooked because of its inconspicuous colour and small size. Sea hares (Aplysiidae family) have a small leaf-shaped shell, covered with a mantle.

Samtblaue Schwammschnecke – Velvet-blue sponge snail

Seehase (unbest. Art) – Sea hare (unidentified species)

Flankenkiemer — Side-Gilled Snails — Notaspidea

Orange-schwarze Flankenkiemerschnecke – Orange-black side-gilled snail – *Barthella martensi*

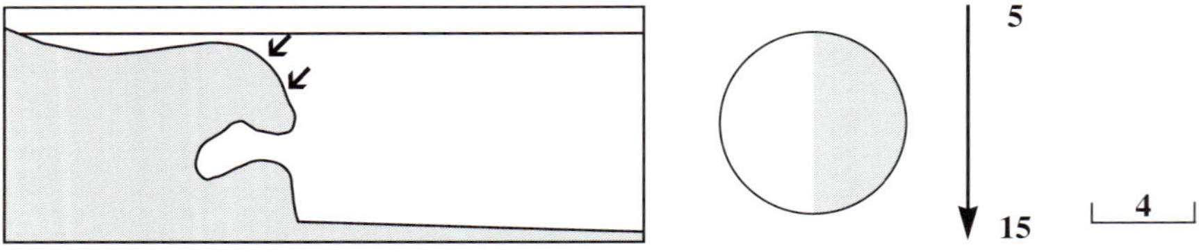

Flankenkiemer besitzen nur eine kleine, flache Schale, die meist vom Mantel bedeckt wird. Bei dem abgebildeten Tier (Familie Pleurobranchidae) kann man deutlich die einzelne, an der Körperseite liegende Kieme erkennen.

Side-gilled snails have a small flat shell, mostly covered with a mantle. On the animal shown (Pleurobranchidae family) one can clearly see the individual gill, located on the side of the body.

Saftsauger — Saccoglossans — Saccoglossa

Saftsauger (unbest. Art) – Sap sucker (unidentified species)

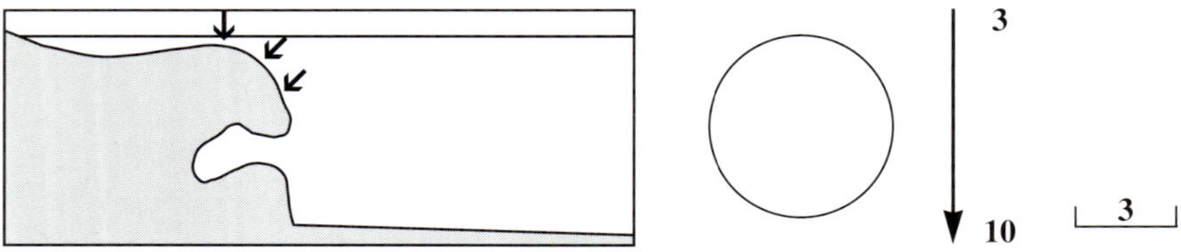

Die schalenlosen Saftsauger (Familie Elysiidae) sind Vegetarier, die Algenzellen mit jeweils einem Raspelzungenzähnchen anritzen und aussaugen. Verbrauchte Zähnchen werden in einem Schlundsack gesammelt. Manche Arten verdauen die Chloroplasten der Algen nicht und bauen sie in ihr eigenes Gewebe ein, wo sie Photosynthese betreiben und für die Schnecken Kohlenhydrate produzieren.

Sap suckers (Elysiidae family) have no shell and are herbivores which cut with their radial tooth into algal cells and suck them empty. Used teeth are collected in the pharyngeal sac. Some species cannot digest the chloroplasts of algae and so incorporate them into their tissue where they photosynthesise and produce the carbohydrates needed by snails.

Orange-schwarze Flankenkiemerschnecke – Orange-black side-gilled snail –
Barthella martensi
Saftsauger (unbest. Art) – Sap sucker (unidentified species)

Nacktschnecken Nudibranchs Nudibranchia

Nacktschnecken, die eine eigene Ordnung bilden, gehören zu den farbenprächtigsten und skurrilsten Meeresbewohnern und sind weltweit mit etwa 5.000 Arten vertreten. Im Gegensatz zu anderen Meeresgebieten ist die Nacktschneckenfauna der Malediven bislang nur unvollständig untersucht worden. Zum einen waren Nacktschnecken durch ihre substratgebundene Lebensweise den klassischen Fangmethoden der Meeresbiologie (z. B. mit Bodengreifer oder Dredsche) kaum zugänglich. Da viele Arten außerdem eine sehr kurze Lebenserwartung besitzen und zum Teil nur für wenige Wochen als erwachsene Tiere in ihrem Lebensraum anzutreffen sind, waren Funde von Nacktschnecken eher Zufallsfunde. Zum anderen spielt auch die geographische Lage der Inseln eine Rolle. Erst mit der touristischen Erschließung und dem Sporttauchen wurden gezielte Bestandsaufnahmen ermöglicht. In diesem Zusammenhang spielt auch die Unterwasserfotografie eine wichtige Rolle. Fotos bekannter Arten können wichtige Nachweise für Vorkommen und Verbreitungsgebiet einer Art sein. Aber auch zahlreiche neue, der Wissenschaft bislang unbekannte Arten wurden durch Unterwasserfotos überhaupt erst entdeckt. Zur Zeit sind von den Malediven mehr als 40 verschiedene Arten durch Unterwasseraufnahmen nachgewiesen.

Nacktschnecken zeichnen sich dadurch aus, daß sie keine schützende Schale mehr besitzen. Zwar tragen zahlreiche Arten beim Schlupf noch ein larvales Gehäuse, dieses wird jedoch schon nach kurzer Zeit reduziert. Der fehlende Schutz durch die Reduzierung der Schale wird bei den meisten Arten durch die Entwicklung von chemischen und biologischen Verteidigungswaffen wieder ausgeglichen. Dabei werden diese „neuen" Verteidigungsmechanismen je nach Art entweder selbst produziert oder aber der Beute entnommen. Die Farbenpracht vieler Nacktschneckenarten steht in unmittelbarem Zusammenhang zu ihren neuen Waffen. Ihre leuchtenden Farben und die oftmals extrem auffälligen Muster dienen möglichen Freßfeinden als Warnsignale, die ihre Ungenießbarkeit oder sogar Giftigkeit signalisieren sollen.

Bei zahlreichen anderen Arten dienen Färbung und Muster, die oft exakt an ihre Beute, wie z. B. Schwämme, angepaßt sind, der Tarnung. Dabei nehmen die betreffenden Arten ihre Farbstoffe oft mit ihrer Nahrung auf, lagern sie in ihrem eigenen Körper ein und passen sich so farblich ihrer Beute an. Meist handelt es sich bei Nacktschnecken um ausgesprochene Nahrungsspezialisten, die jeweils nur wenige Monate in ihrem Lebensraum anzutreffen sind.

So unterschiedlich die äußere Gestalt der einzelnen Arten auch ist, allen gemeinsam ist der Besitz von einem Paar Rhinophoren am Kopf. Diese ursprünglich stabförmigen Fortsätze, die quergerillt, längsgerillt, glatt, gefiedert oder mit Lamellen besetzt sein können, sind Sitz des chemischen Sinnes.

The 5,000 species worldwide of the independent order of Nudibranchia belong to the most colourful and bizarre of marine animals. In contrast to other areas of the oceans, the Maldivian nudibranch fauna has yet to be examined completely. On the one hand, nudibranchs, because of their substrate-bound way of life, were inaccessible in terms of the usual collecting methods available to the marine biologist (for instance, grab sampler or dredge). Moreover, many species have a very short life expectancy and can therefore only be found for a few weeks as adult animals. Nudibranchs were therefore mostly found by accident. On the other hand, the geographical location of the islands plays an important part. Only with the development for tourists and scuba diving did "stock taking" become possible. In this context, underwater photography plays an important role. Photos of well-known species can be important proof of the occurrence and distribution of a species. But also numerous new species, unknown to science have been discovered by underwater photography. In the Maldives, more than 40 species have been identified as yet through underwater photography.

Nudibranchs are characterised by the fact that they no longer have a shell but several species, when hatching, have a larval shell which is reduced after a short period of time. Most species balance the decreased protection of a reduced shell with the development of chemical and biological defence mechanisms. These new "defence mechanisms", depending on the species, are produced by themselves or taken on from their prey. The exquisite livery of most nudibranchs is directly linked to their new defence mechanisms. Their bright colours and often extremely conspicuous patterns are warning signals for predators which indicate that they are inedible or even poisonous.

The pigmentation and patterns of other species serve mostly as camouflage which is often the exact colour of their prey, for instance, sponges. Those species take in the pigments when eating, store them in their bodies and in this way align to their prey. Most nudibranchs are food specialists which can only be found for a few months in their habitat.

As different as the morphotypes of individual species may be, all have a pair of rhinophores arising from the head. In these originally antennae-like processes, which can be diagonally grooved, longitudinally grooved, smooth, bipinnate or covered with gills, the chemical sensors are located.

Nacktschnecken Nudibranchs Nudibranchia

Sie tragen aber auch den Strömungssinn, der der gerichteten Bewegung und der Orientierung dient. Bei zahlreichen Arten können sie in eine spezielle Körperhöhle mit oft erhöhtem Rand, der sogenannten Rhinophorenscheide, zurückgezogen werden. Desweiteren besitzen viele Arten in Mundnähe unterschiedlich gestaltete Fortsätze, die Labialtentakel.
Systematisch wird die Ordnung der Nacktschnecken in vier verschiedene Unterordnungen gegliedert, wobei bislang nur Vertreter aus drei Unterordnungen auf den Malediven per Foto nachgewiesen werden konnten.
Aus der Unterordnung der Sternschnecken oder Doridacea, die mehr als 20 Familien umfaßt, konnten bisher mehr als 30 Arten aus fünf Familien für die Malediven per Foto nachgewiesen werden. Sternschnecken zeichnen sich in der Mehrzahl (bis auf die Vertreter der Familie der Warzenschnecken) durch den Besitz einer Kiemenkrone aus, die aus mehreren kreis- oder hufeisenförmig angeordneten, einfach oder mehrfach gefiederten Ästen besteht. In ihrem Zentrum befindet sich der After. Die Kiemen können bei Gefahr eingezogen werden.

But they also incorporate the sensor for current which serves for orientation and directional movement. Several species can invert these sensors into a special body cavity which often has a raised rim, the so-called rhinophore tunic. Additionally, in the oral area many species have differently shaped processes, the so-called labial tentacles.
The order of nudibranchs is systematically classified into four sub-orders whilst only the existence of species of three sub-orders has been proved by photographs in the Maldives.
From the sub-order of Doridacean nudibranchs or Doridacea, which include more than 20 families, only the existence of 30 species from five families could be proved photographically in the Maldives. Doridacean nudibranchs are mostly characterised (except for species of the warty sea slug family) by a gill crown which consists of several circular or horseshoe-shaped unbranched or bipinnate branches. The anus is located in its centre. If danger arises, the gills can be inverted.

oben: Warzige Prachtsternschnecke – Warty sea slug – *Chromodoris geometrica*
unten und Insert: Prachtsternschnecken (unbest. Arten) – Sea slugs (unidentified species) – *Chromodoris sp.*

Nacktschnecken Nudibranchs Nudibranchia

Leopard-Prachtsternschnecke – Grey edged sea slug – *Chromodoris gleniei*
Gepunktete Prachtsternschnecke – Spotted sea slug – *Chromodoris tertianus*

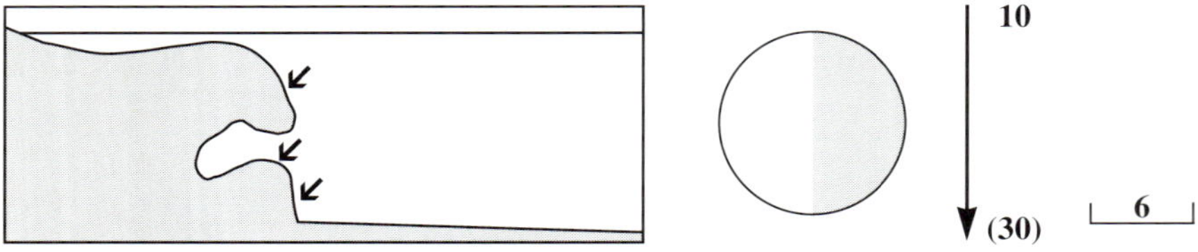

Die Prachtsternschnecken (Familie Chromodorididae) stellen die wohl farbenprächtigsten und auffälligsten Vertreter unter den Nacktschnecken. Von den Malediven konnten bisher mindestens 12 Arten im Bild dokumentiert werden, von denen in diesem Buch insgesamt 8 Arten vorgestellt werden.
Die Leopard-Prachtsternschnecke, die bis ca. 6 cm groß werden kann, sitzt regelmäßig auf Schwämmen, von denen sie sich wahrscheinlich auch ernährt. Die abgebildete Gepunktete Prachtsternschnecke, die ebenfalls eine Größe bis 6 cm erreichen kann, befindet sich gerade bei der Eiablage. Am Körperende des Tieres kann man den ersten Teil des lachsfarbenen Eigeleges erkennen, das wie bei allen Sternschnecken spiralförmig abgelegt wird.
Die auf der vorangegangenen Seite abgebildete Warzige Prachtsternschnecke erreicht nur eine Größe von 3 cm. Die beiden anderen, nicht näher bestimmten Tiere waren sogar nur ca. 2 cm groß.

Doridacean nudibranchs (Chromodorididae family) are the most colourful and conspicuous species of nudibranchs. Currently, we have been able to photograph at least 12 species in the Maldives of which 8 are described in this book.
The grey edged sea slug can reach a size of up to 6 cm and settles regularly on sponges which it possibly eats. The spotted sea slug which can also reach a size of up to 6 cm is shown laying eggs. At the end of its body one can see the salmon-coloured clutch of eggs which is laid spirally, as with all sea slugs.
The warty sea slug, depicted on the previous page, only reaches a size of up to 3 cm. The two other unidentified species only reach a size of 2 cm.

Leopard-Prachtsternschnecke – Grey edged sea slug – *Chromodoris gleniei*

Gepunktete Prachtsternschnecke – Spotted sea slug – *Chromodoris tertianus*

Nacktschnecken Nudibranchs Nudibranchia

Falsche Pyjama-Prachtsternschnecke – False pyjamas sea slug – ***Chromodoris boucheti***

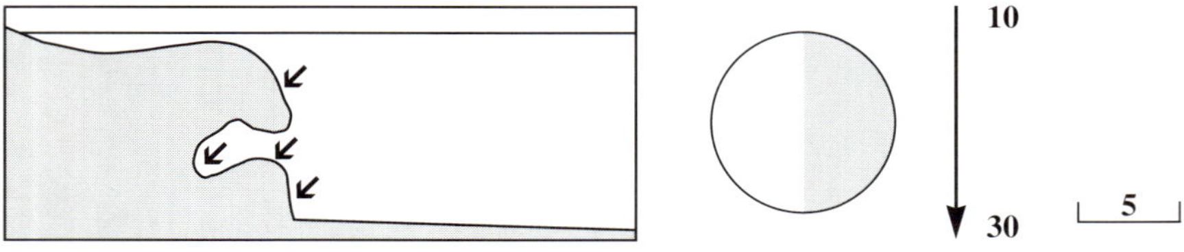

Diese Art gehört auf den Malediven zu den häufigeren Arten und kann manchmal sogar in kleineren Gruppen angetroffen werden. Die Tiere bevorzugen vom Licht abgewandte Standorte. Es gibt zahlreiche, ähnlich gestreifte Arten aus der gleichen Gattung, die sich aber farblich deutlich unterscheiden.

In the Maldives, this is a common species which can sometimes be found in groups. These animals prefer shady locations. Within this genus, several similarly striped species exist but they differ greatly in colour.

Graugerandete Prachtsternschnecke – Grey edged sea slug – ***Glossodoris hikuerensis***

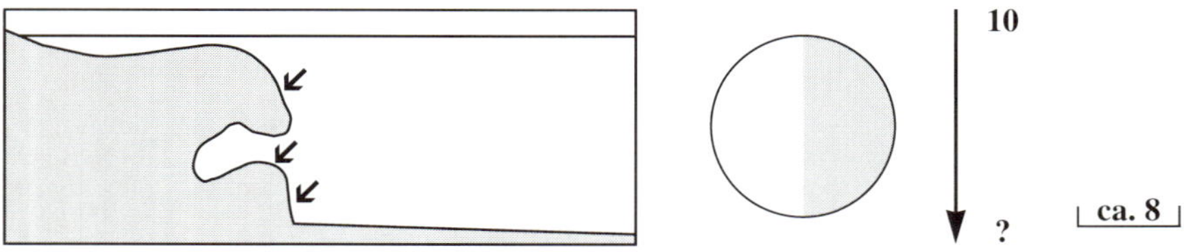

Diese Art, die auf den Malediven sehr selten zu sein scheint, ist auch aus dem Roten Meer, von Kenia und aus dem westlichen Pazifik bekannt. Es gibt eine sehr ähnlich gefärbte Art (*G. cinctus*), die sich vor allem durch ihren hellblau und schwarz gerandeten Mantel unterscheidet.

In the Maldives, this species seems to be very rare but is also known in the Red Sea, Kenya and the Western Pacific. A very similar species exist *(G. cinctus),* differing particularly in its light-blue and black edged mantle.

Falsche Pyjama-Prachtsternschnecke – False pyjamas sea slug –
Chromodoris boucheti
Graugerandete Prachtsternschnecke – Grey edged sea slug – *Glossodoris hikuerensis*

Nacktschnecken Nudibranchs Nudibranchia

Höckrige Prachtsternschnecke – Humpy sea slug – *Miamira magnifica*

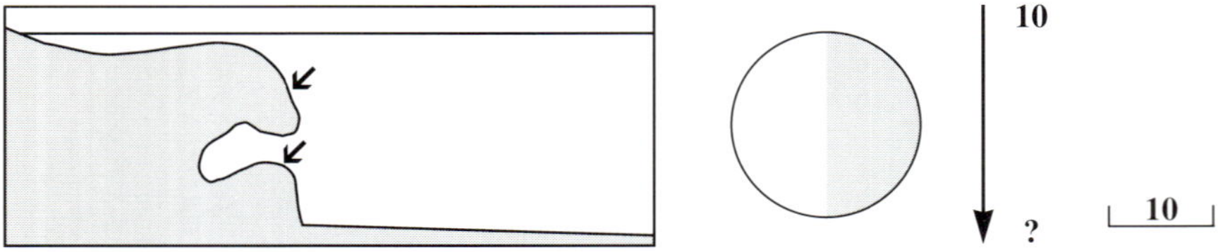

Die Höckrige Prachtsternschnecke ist auf den Malediven eher selten. Sie ist auch aus dem Roten Meer bekannt. Dort weisen die Tiere allerdings eine gelbbraune Grundfärbung mit feinen rotbraunen Linien zwischen den Höckern auf. Die kleinen, leuchtend blauen Punkte des abgebildeten Tieres fehlen ihnen.

In the Maldives, the humpy sea slug is rare. It is also known in the Red Sea but there these animals have a basic colour of grey-brown with red-brown lines between their humps and lack the brilliant blue spot of the animal shown here.

Gelbschwarze Knotensternschnecke – Knotty sea slug – *Notodoris gardeneri*

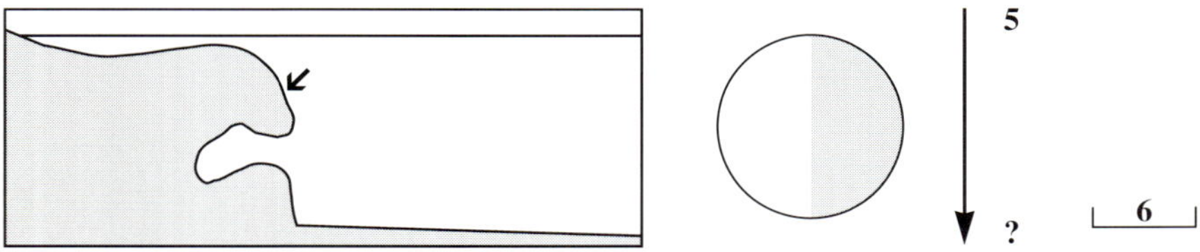

Die Art ist auf den Malediven der einzige Vertreter der kleinen Familie Aegiridae. Ihre Vertreter zeichnen sich durch einen zähen, harten Körper mit oftmals knotigen Ausstülpungen aus. Die Färbung der Art ist variabel: völlig gelb bis völlig schwarz und alle Zwischenformen. Tiere von den Malediven sind mehrheitlich schwarz mit einem nur geringen Gelbanteil.

In the Maldives, this species is the only representative of the small Aegiridae family. This species is characterised by a tough, solid body which often has knotty cerata. The colour of this species varies: entirely yellow to entirely black and all colours in between. In the Maldives, these animals are mostly black, only a few are yellow.

Höckrige Prachtsternschnecke – Humpy sea slug – *Miamira magnifica*
Gelbschwarze Knotensternschnecke – Knotty sea slug –
Notodoris gardeneri

Nacktschnecken Nudibranchs Nudibranchia

Grünfleck-Neonsternschnecke – Green spotted sea slug –
Nembrotha cristata
Orangefleck-Neonsternschnecke – Orange spotted sea slug –
Nembrotha yonowae

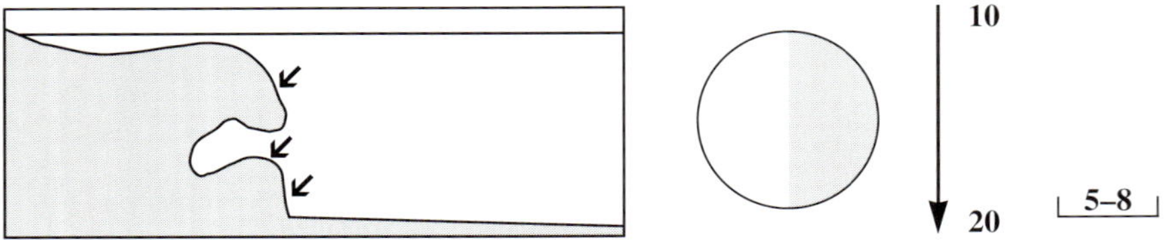

Bei den Neonsternschnecken (Familie Polyceridae), von denen bisher 6 Arten auf den Malediven nachgewiesen wurden, handelt es sich um eine große Familie mit einem Verbreitungsschwerpunkt in tropischen Meeren. Der deutsche Name bezieht sich auf die meist plakativen, grellen Neonfarben der Tiere. Die Grünfleck-Neonsternschnecke soll bis 8 cm groß werden. Die Art soll sich laut Literatur von der grüngefärbten Seescheide *Eudistoma olivaceum* ernähren. Bei Bedrohung kann sie ein dunkelgrünes Sekret ausscheiden. Man findet sie wie auch die Orangefleck-Neonsternschnecke fast immer auf bunten „Sträuchern“, kleinen Hornkorallen, die mit winzigen, verschiedenfarbigen Seescheidenkolonien, Algen und Schwämmen überwachsen sind (Insert).
Die bis 5 cm große Orangefleck-Neonsternschnecke wurde erst 1990 auf den Malediven entdeckt und 1992 wissenschaftlich beschrieben. Bei Berührung gibt sie ein violettes Sekret ab.

In the Maldives, the existence of six species of the spotted sea slugs (Polyceridae family) have already been proved. These species can mostly be found in tropical oceans. The green spotted sea slugs apparently reach a size of up to 8 cm. According to literature, this species eats green sea squirts *(Eudistoma olivaceum)*. If attacked, it can discharge a dark-green solution. It is, like the orange spotted sea slug, almost always found on colourful "bushes", small gorgonians, which are overgrown by small, different coloured sea squirt colonies, algae and sponges (insert).
In the Maldives, the orange spotted sea slug up to 5 cm in size was only discovered in 1990 and described scientifically in 1992. If touched, it discharges a violet secretion.

Grünfleck-Neonsternschnecke – Green spotted sea slug – *Nembrotha cristata*

Orangefleck-Neonsternschnecke – Orange spottet sea slug – *Nembrotha yonowae*

Nacktschnecken Nudibranchs Nudibranchia

Orangestreifen-Neonsternschnecke – Orange striped sea slug – *Roboastra gracilis*

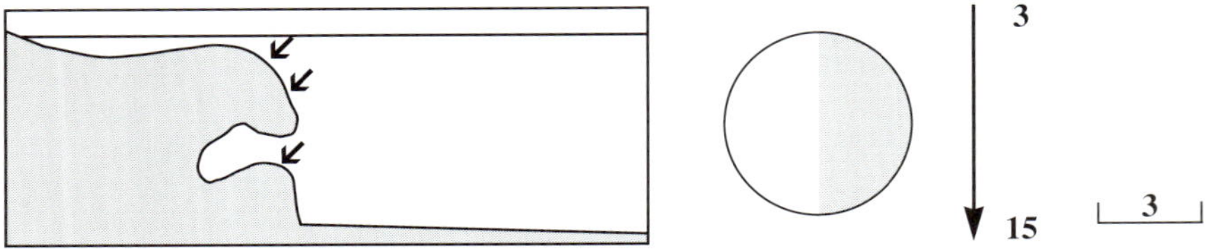

Die Orangestreifen-Neonsternschnecke soll im gesamten tropischen Indopazifik vorkommen. Sie ist oftmals unter Korallenstückchen am Boden zu finden. Auffällig ist, daß die Kiemenkrone dieser kleinen Art nur aus wenigen, unverzweigten Ästen besteht.

Apparently, the striped sea slug is spread over the entire Indo-Pacific. It can often be found beneath coral pieces, lying on the seabed. It is conspicuous that the gill crown of this small species has only few unbranched branches.

Orangeschwarze Neonsternschnecke – Orange-black sea slug – *Tambja sp.*

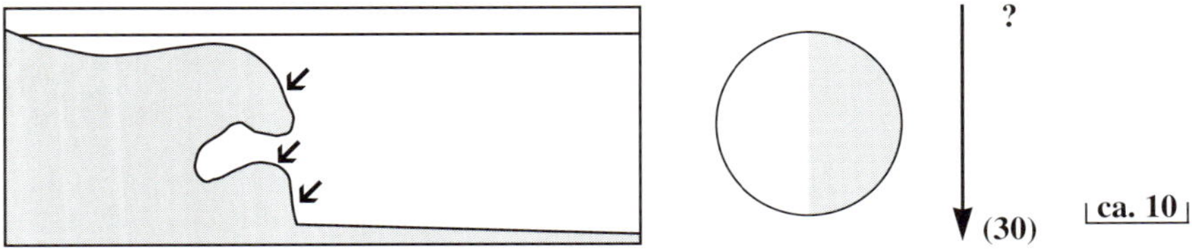

Bei diesem Tier handelt es sich wahrscheinlich um eine wissenschaftlich noch unbeschriebene Art. Im Gegensatz zur vorangegangenen Art ist die Kiemenkrone bei Vertretern der Gattung *Tambja* vergleichsweise groß und besteht aus mehreren, mehrfach verzweigten Ästen.

This species is probably still scientifically unidentified. In contrast to the above species of the *Tambja* genus it is comparatively large and consists only of several several bipinnate branches.

Orangestreifen-Neonsternschnecke – Orange striped sea slug –
Roboastra gracilis

Orangeschwarze Neonsternschnecke – Orange-black sea slug – *Tambja sp*

Nacktschnecken Nudibranchs Nudibranchia

Weißschwarze Neonsternschnecke – White-black sea slug – *Thecacera pennigera*
Orange Neonsternschnecke – Orange sea slug – *Thecacera sp.*

Die beiden Neonsternschnecken aus der Gattung *Thecacera* bleiben mit wenigen Zentimetern Größe vergleichsweise klein. Die kolbenförmigen Anhänge im Bereich der Kiemenkrone findet man bei allen Vertretern dieser Gattung.

Both sea slugs belong to the *Thecacera* genus and remain, with a size of a few centimetres, comparatively small. The tassle-like cerata in the gill crown area can be found on all representatives of this genus.

Indopazifische Leopardschnecke – Indopacific leopard sea slug – *Jorunna funebris*

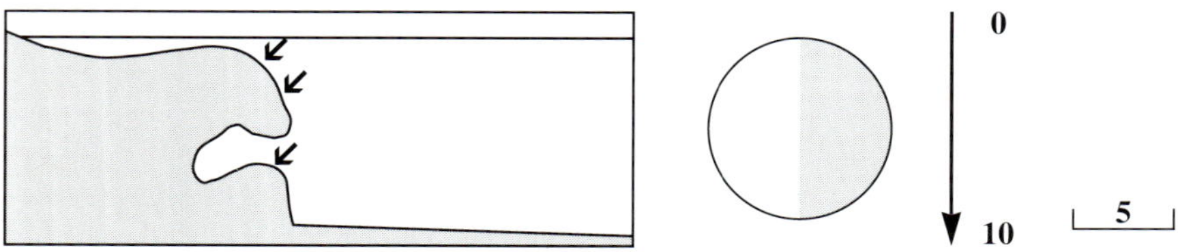

Die Indopazifische Leopardschnecke kommt im gesamten Indo-Westpazifik vor. Sie gehört zu der vielgestaltigen Familie Kentrodoridae, deren Name auf der eigentlich untypischen Gattung *Kentrodoris* beruht. Die einzige Art dieser Gattung ist sehr weich und schleimig, während sich die Arten der anderen Gattungen rauh anfühlen.

The Indopacific leopard sea slug can be found in the entire western Indo-Pacific. It belongs to the Kentrodoridae family whose name originates from the untypical *Kentrodoris* genus. The only species of this genus is very soft and slimy whilst species of the other genera seem to have a rough skin.

oben: Orange Neonsternschnecke – Orange sea slug – *Thecacera sp*
Insert: Weiß-schwarze Neonsternschnecke – White-black sea slug – *Thecacera pennigera;* unten: Indopazifische Leopardschnecke – Indopacific leopard sea slug – *Jorunna funebris*

Nacktschnecken Nudibranchs Nudibranchia

Warzenschnecken (versch. unbest. Arten) – Phyllidias (different unidentified species)

Warzenschnecken (Familie Phyllidiidae), die trotz ihrer abweichenden Körperform ebenfalls zu den Sternschnecken gerechnet werden, besitzen keine sternförmige Kiemenkrone. Statt dessen befinden sich zwischen Mantel und Fuß beidseits zahlreiche Kiemenblättchen. Wie der Populärname Warzenschnecken schon sagt, kann man die Vertreter dieser Familie an ihrer mit Warzen bedeckten Körperoberfläche leicht erkennen. Die genaue Artbestimmung dagegen ist in vielen Fällen schwierig, da viele Arten sehr ähnlich gefärbt sind. Außerdem wurden aus dieser Familie einige bislang noch nicht wissenschaftlich beschriebene Arten im Bereich der Malediven fotografiert. Zur Zeit wird die Familie völlig neu beararbeitet, so daß bald eine genaue Bestimmung der Arten möglich sein wird. Einen kleinen Überblick über die Formenvielfalt der nicht näher bestimmten und der unbeschriebenen Arten vermitteln die sechs auf der gegenüberliegenden Seite abgebildeten Tiere.
Warzenschnecken ernähren sich ausschließlich von Schwämmen. Da sie keine Raspelzunge haben, stülpen sie spezielle „Munddrüsen“ aus dem Maul heraus, um ihre Nahrung außerhalb des Körpers aufzulösen und dann einzusaugen.

Phyllidias (Phyllidiidae family) which, despite their different body structure are also attributed to Doridacean nudibranchs, have no gill crown. Instead, on both sides, between mantle and foot, they have small, leaf-shaped gills. Species of this family are easily recognised by their warty epidermis. In contrast, an exact identification of the species is often difficult because many species are similar in colour. Additionally, some species have been photographed in the Maldives which have still not been described scientifically. This family is currently being reclassified and an exact identification of the species will be possible soon. A small overview of various shapes of unidentified and undocumented species is offered by the six species on the opposite page.
Phyllidias eat only sponges. Because they have no radula, they extend their "oral glands" from the oral aperture and suck in their externally dissolved food.

Warzenschnecken (versch. unbest. Arten) – Phyllidias (different unidentified species)

Nacktschnecken Nudibranchs Nudibranchia

Schwarz-braune Warzenschnecke – Black-brown phyllidia – *Phyllidia maeandrina*

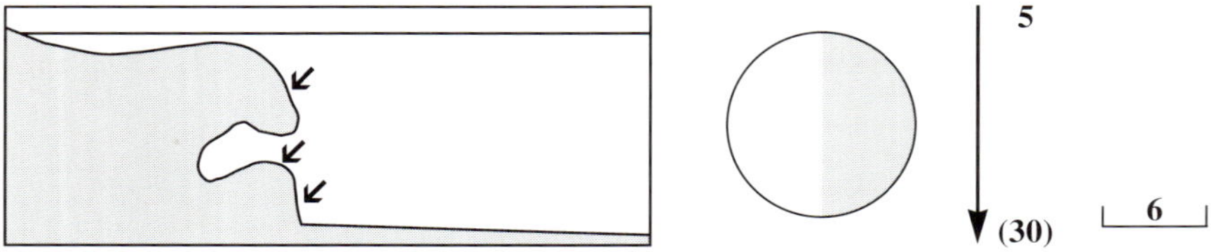

Bei den Arten der Gattung *Phyllidia* befindet sich der After auf dem hinteren Teil des Rückens. Die Schwarz-braune Warzenschnecke scheint in ihrem Verbreitungsgebiet auf den Indischen Ozean beschränkt zu sein.

With species of the *Phyllidia* genus, the anus is located on the lower end of the back. The black-brown phyllidia appear only to be found in the Indian Ocean.

Schwarzgestreifte Warzenschnecke – Black striped phyllidia – *Phyllidiopsis shirinae*

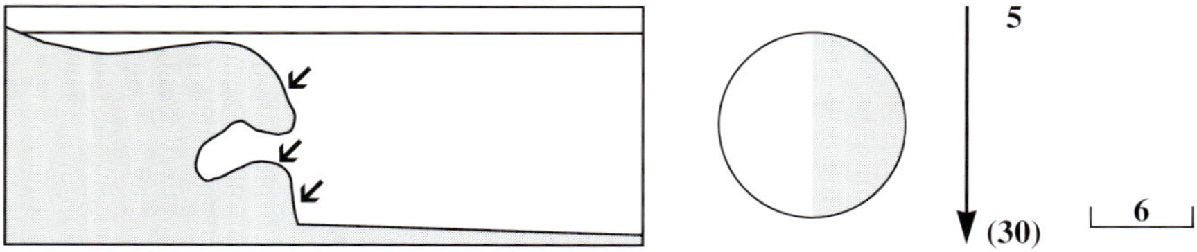

Bei der Gattung *Phyllidiopsis* ist die Körperoberfläche nicht mit Warzen im üblichen Sinn bedeckt. Statt dessen sind in der Regel rauhe, verzweigte Erhebungen vorhanden, die bei dem abgebildeten Tier jedoch nicht so deutlich ausgeprägt sind.

With the *Phyllidiopsis* genus the epidermis is not covered by warts in the usual sense. Instead they have usually rough, bipinnate cerata which cannot be seen clearly on the animal shown here.

Schwarz-braune Warzenschnecke – Black-brown phyllidia – *Phyllidia maeandrina*
Schwarzgestreifte Warzenschnecke – Black striped phyllidia –
Phyllidiopsis shirinae

Nacktschnecken Nudibranchs Nudibranchia

Große Dreifarbige Warzenschnecke – Great three colored phyllidia – *Phyllidia arabica*

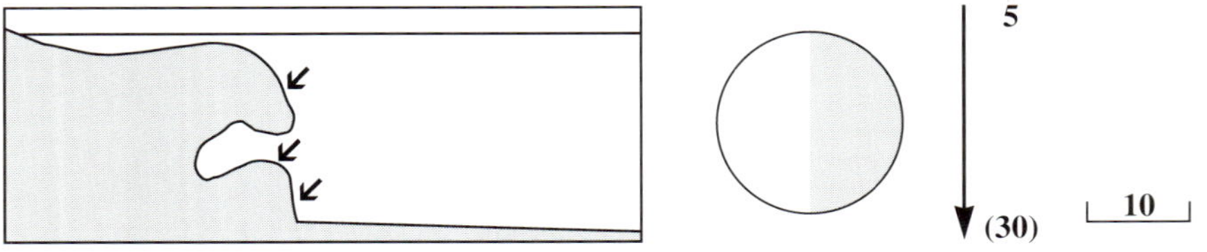

Die Große Dreifarbige Warzenschnecke, die im gesamten Indopazifik einschließlich des Roten Meeres vorkommt, ist die wohl häufigste Warzenschnecke auf den Malediven.

The great three coloured phyllidia, which can be found in the entire Indo-Pacific, including the Red Sea, seems to be the most common phyllidia of the Maldives.

Kleine Dreifarbige Warzenschnecke – Small three colored phyllidia – *Reyfria marindica*

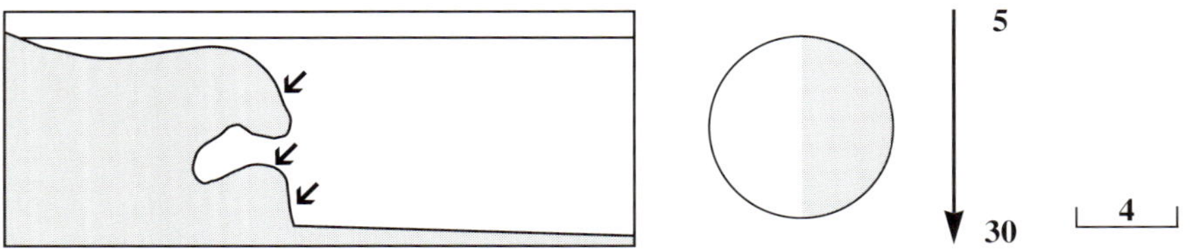

Die Kleine Dreifarbige Warzenschnecke unterscheidet sich von ihrer „großen Schwester" unter anderem dadurch, daß die orangegefärbten Warzen auf dem Rücken zum Teil ineinander übergehen. Bei Arten der Gattung *Reyfria* befindet sich der After am hinteren Körperteil zwischen Fuß und Mantel.

The small three coloured phyllidia differs from its "larger sister" by the fact that its orange-coloured warts partially merge on its back. With species of the *Reyfria* genus, the anus is at the rear part of the body, between foot and mantle.

Große Dreifarbige Warzenschnecke – Great three colored phyllidia – *Phyllidia arabica*

Kleine Dreifarbige Warzenschnecke – Small three colored phyllidia – *Reyfria mariadica*

Nacktschnecken Nudibranchs Nudibranchia

Orange-weiße Fadenschnecke – Orange-white aeolidian –
Moridella brockii
Orange-rote Fadenschnecke – Orange-red aeolidian –
Phaestilla melanobranchia

Die Vertreter der Unterordnung Fadenschnecken (Aeolidacea) kann man leicht an ihren meist fadenförmigen und spitz zulaufenden Fortsätzen erkennen, die als Kolben oder Cerata bezeichnet werden. Sie können ihre Rhinophoren nicht einziehen und besitzen auch keine Kiemen. Durch ihre sehr große Körperoberfläche findet bei ihnen der Gasaustausch über die Haut statt (Hautatmung). Die meisten Arten ernähren sich von verschiedenen Nesseltieren. Die Fortsätze stehen gruppenweise auf dem Rücken der Tiere und sind oft auffällig gefärbt oder gebändert. Bei vielen Arten enthalten sie Ausstülpungen der Mitteldarmdrüse, einer Verdauungsdrüse. Sie münden in der Spitze jeweils in einen Nesselsack, in dem die gefressenen, noch voll funktionsfähigen Nesselzellen gespeichert werden. Wieso die Nesselzellen beim Fressen nicht ausgelöst werden, und warum sie nicht verdaut werden, ist noch nicht geklärt. Bei Gefahr reißen die Nesselsäcke an einer Sollbruchstelle auf, die Nesselzellen werden ausgestoßen und dienen der eigenen Verteidigung. Man spricht in diesem Zusammenhang auch von Cleptocniden, von „geklauten“ Nesselzellen. Die beiden abgebildeten Arten erreichen eine Größe von ca. 4 cm.

Species of the sub-order of aeolids (Aeolidacea) can easily be identified by their mostly thread-like and pointed processes called tassels or cerata. They cannot invert their rhinophores and have no gills. Because of their very large body surface, respiration takes place through the skin (skin breathing). Most species eat cnidarians. Their conspicuous, coloured or banded cerata protrude vertically and in groups on their backs. With many species these contain projections of the mid-intestinal gland, a digestive gland, containing at the tip a sac in which the eaten, but still functional nematocysts are stored. Why the nematocysts are not triggered during eating or why they are not digested is still unclear. If danger arises, the sacs are ripped open, the nematocysts are excreted and serve as a defence. In this context we speak of cleptocnids, "stolen" nematocysts. Both species depicted can reach a size of approximately 4 cm.

Orange-weiße Fadenschnecke – Orange-white aeolidian – *Moridella brockii*
Orange-rote Fadenschnecke – Orange-red aeolidian –
Phaestilla melanobranchia

Nacktschnecken Nudibranchs Nudibranchia

Schlangen-Fadenschnecke – Snake aeolidian – *Pteraeolidia ianthina*

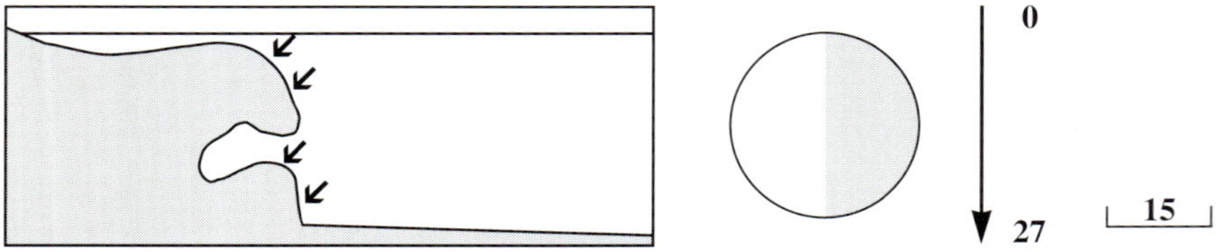

Die Schlangen-Fadenschnecke, die im gesamten Indopazifik einschließlich des Roten Meeres vorkommt, ist die einzige Art der Gattung. Sie ernährt sich mit Hilfe symbiontischer Zooxanthellen. Ihre Fortsätze sind so angeordnet, daß ein Überlappen vermieden wird und somit die optimale Ausnutzung des Lichtes ermöglicht wird. Sie frißt aber auch Nesseltiere und speichert die Nesselzellen in ihren Fortsätzen.

Snake aeolids, which can be found in the entire Indo-Pacific and the Red Sea, is the only species of its genus. It eats with the aid of symbiont zooxanthellae. Its cerata are placed in such a way that overlapping is avoided which enables the optimal use of light available. It also eats cnidarians and stores nematocysts in its cerata.

Bunte Dickkolbenschnecke – Colored janolus – *Janolus sp.*

Die Vertreter der Unterordnung Furchenschnecken oder Arminacea können entweder eine gefurchte Körperoberfläche haben oder aber zahlreiche Fortsätze am Mantelrand aufweisen. Anders als bei Fadenschnecken sind die Fortsätze nicht in Gruppen, sondern unregelmäßig angeordnet.
Von den Malediven wurde bisher nur die Bunte Dickkolbenschnecke (Familie Janolidae) nachgewiesen. Für die Gattung *Janolus* ist die blumenkohlartige Struktur (Rhinophorenkamm) an der Basis zwischen den Fühlern tyisch.

Species of the sub-order Arminacea can either have a furrowed body surface or numerouscerata at the mantle rim. In contrast to aeolids, the cerata are not placed in a group but irregularly.
In the Maldives, only coloured janolus (Janolidea family) have been found as yet. A typical characteristic for the genus *Janolus* is the cauliflower-like structure (rhinophore - comb) at the base, between its tentacles.

Schlangen-Fadenschnecke – Snake aeolidian – *Pteraeolidia ianthina*

Bunte Dickkolbenschnecke – Colored janolus – *Janolus sp.*

MUSCHELN BIVALVES BIVALVIA

Die Weichtierklasse Muscheln umfaßt weltweit ca. 20.000 Arten. Muscheln zeichnen sich durch einen seitlich zusammengedrückten Weichkörper mit einer zweiteiligen Schale aus, die auf dem Rücken mit einem Gelenk beweglich miteinander verbunden ist. Dieses Gelenk besteht aus einem elastischen Band, dem Ligament, und einem sogenannten Schloß mit oder ohne zahnartigen Fortsätzen oder Leisten auf den Innenrändern der beiden Schalen, die genau ineinander passen. Die beiden Schalen, die meist mehr oder weniger gleichgestaltet sind, können mit Hilfe von ein oder zwei sogenannten Schließmuskeln, die auf beiden Schalen ansitzen, fest verschlossen werden. Die Ansatzstellen dieser Muskeln kann man auf den Innenseiten der Schalen meist deutlich erkennen. Muscheln sind ausnahmslos Filtrierer, die feines Plankton und abgestorbenes organisches Material mit Hilfe ihrer netzartigen Kiemen aus dem Wasser herausfiltern. Die Mehrzahl der Arten lebt eingegraben im Untergrund, wobei sie den oftmals weit vorstreckbaren Fuß zum Graben benutzen. Einige Arten können sich mit sogenannten Byssusfäden am Untergrund verankern, andere wachsen mit einer Schalenhälfte am Untergrund fest.
Die meist getrenntgeschlechtlichen Tiere geben Ei- und Samenzellen einfach ins Wasser ab, wo die Befruchtung stattfindet. Von den zum Teil extrem zahlreichen Nachkommen (mehr als eine Million) überleben nur wenige das freischwimmende Larvenstadium. Auch ausgewachsen besitzen Muscheln sehr zahlreiche Feinde. Neben größeren Seesternen, räuberischen Schnecken, Krebsen und Fischen gehören auch viele Küstenvögel zu den natürlichen Feinden.

The mollusc class of bivalves incorporates approximately 20,000 species worldwide. Bivalves are characterised by their soft bodies, compressed sideways, which a two-valved shell connected with a hinge at the back. This hinge consists of an elastic ligament and a so-called lock with or without teeth-like processes or lines on the inner edge of both shells which fit exactly into each other. Both shells, which have more or less the same shape, can be closed tightly with one or two so-called adductor muscles which are located on both shells. The scars of these muscles can be clearly seen on the internal side of the shell. Bivalves are solely filter-feeders which, with the aid of their net-like gills, filter fine plankton or organic material from water. Most species live burrowed in the substratum where they often use their greatly extendible foot for digging purposes. Some species can attach themselves to the substratum with so-called byssus threads; others are base-attached with one half of their shell.

Unbest. Muschel – unidentified clam shell

Most animals are of different sex and excrete their egg and sperm cells into open water where fertilisation takes place.
Of their very numerous offspring (over one million) only a few survive the free-swimming larval stage. Adult bivalves also have many enemies. These are, besides large starfish, predatory snails, crabs and fish, many coastal birds.

MUSCHELN BIVALVES BIVALVIA

Eingewachsene Mördermuschel – Burrowing clam shell – *Tridacna maxima*

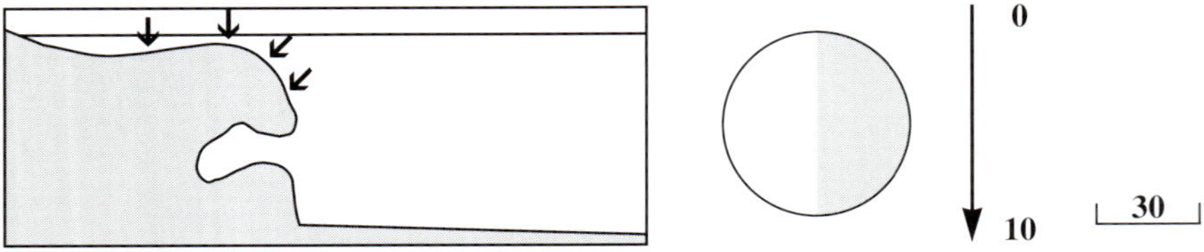

Dieser „Zwerg“ unter den Mördermuscheln (Familie Tridacnidae), dessen Mantelfärbung sehr variabel sein kann, ist an der geringen Größe und den meist völlig in Korallen oder anderem Untergrund eingewachsenen Schalen zu erkennen.

This "dwarf" of clam shells (Tridacnidae family), whose mantle colouring can vary greatly, can be identified by its small size and shell which burrows often entirely into corals or other underground locations.

Große Mördermuschel – Great clam – *Tridacna squamosa*

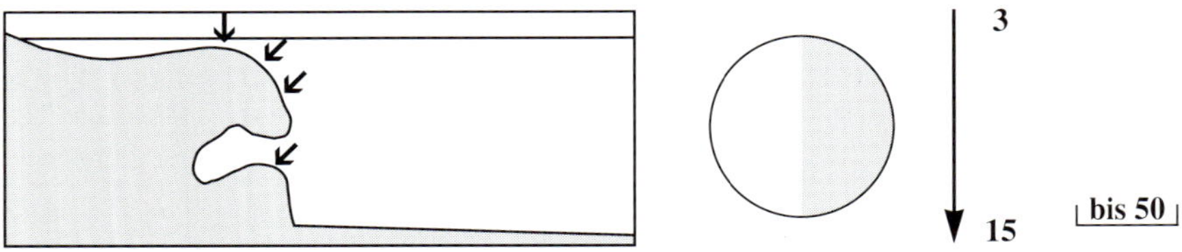

Die Große Mördermuschel gehört zu den größten Muscheln der Welt. Alle *Tridacna*-Arten besitzen symbiontische Algen in ihrem Mantel, die auch dessen bunte Färbung verursachen. Da diese Algen ausreichend Licht für die Photosynthese benötigen, sind Mördermuscheln stets an gut besonnten Standorten in geringen Tiefen anzutreffen. In Asien gilt der kräftige Schließmuskel als Delikatesse, weshalb die Art in manchen Meeresregionen stark bedroht ist.

The great clam is one of the largest bivalves in the world. All *Tridacna* species have in their mantle symbiontic algae which cause their colourful pigmentation. Because these algae need the appropriate light for their photosynthesis, giant clams can always be found in shallow water with adequate sunlight. In Asia, the strong adductor muscle is regarded as a delicacy which, in some oceanic regions, threatens this species with extinction.

Eingewachsene Mördermuschel – Burrowing clam shell – *Tridacna maxima*

Große Mördermuschel – Great clam – *Tridacna squamosa*

MUSCHELN BIVALVES BIVALVIA

Riffzackenauster – Zig-zag clam – *Lopha folium*
Stachelauster – Thorny oyster – *Spondylus varius*
Irisierende Kammuschel – Iridescent clam – *Pedum spondylum*

Die Schalen der bis 30 cm großen Riffzackenauster und der bis 25 cm großen Stachelauster sind stets vollständig von Schwämmen, Seescheiden und anderen sessilen Organismen überwachsen. Beide Arten kommen erst ab einer Tiefe von ca. 5 m an lichtgeschützten Stellen in Höhlen, unter Überhängen und ähnlichen Stellen vor. Die bis 5 cm große Irisierende Kammuschel ist stets völlig in lebende Korallen eingewachsen und kommt in Tiefen von 0–15 m vor.

The shells of the zig-zag clam up to 30 cm and the thorny oyster up to 25 cm in size are always overgrown entirely by sponges, sea squirts and other sessile organisms. Both species can be found in depths of 5 m onwards and live in shady caves, below overhangs and in similar locations. The iridescent clam up to 5 cm in size is always embedded in living corals and can be found in depths of between 0 and 15 m.

Irisierende Kammuschel – Iridescent clam – *Pedum spondylum*

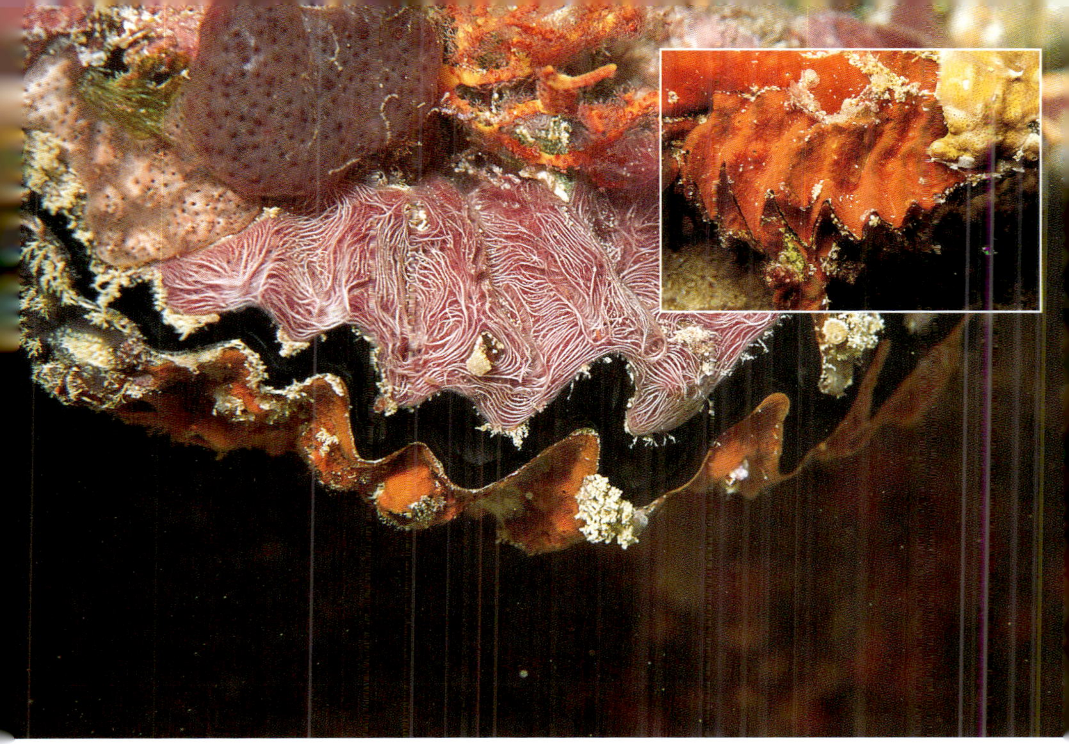

Riffzackenauster – Zig-zag clam – *Lopha folium*

Stachelauster – Thorny oyster – *Spondylus varius*

KOPFFÜSSER CEPHALOPODS CEPHALOPODA

Die dritte Weichtierklasse stellen die Kopffüßer dar, die fälschlicherweise auch als Tintenfische bezeichnet werden. Weltweit sind ca. 760 Arten bekannt. Bei ihnen kann man drei Gruppen unterscheiden: die meist freischwimmenden, zehnarmigen Kalmare, die meist in Bodennähe lebenden ebenfalls zehnarmigen Sepien und die achtarmigen, meist bodenbewohnenden Kraken. Bei allen drei Gruppen ist in der Regel eine unpaare, im Körperinneren liegende Schale ausgebildet. Bei den Sepien befindet sie sich in Form des verkalkten sogenannten Schulps im Rücken der Tiere. Bei den Kalmaren befindet sie sich an der gleichen Stelle, doch ist sie meist zu einem elastischen, hornigen Gebilde reduziert. Bei den Kraken fehlt sie fast immer völlig.
Auffallendstes gemeinsames Merkmal der Kopffüßer sind ihre meist 8–10 mit Saugnäpfen ausgestatteten Fangarme, die am Kopf um den Mund herum angeordnet sind. Ebenfalls am Kopf befindet sich ein röhrenförmiger, nach allen Seiten frei beweglicher Trichter. Durch Auspressen des Atemwassers durch diesen Trichter sind die Tiere hervorragende „Rückstoßschwimmer“. Des weiteren sind sie in der Lage, bei Bedrohung eine „Tintenwolke“, eine schwarzbraune, zähe Flüssigkeit, auszustoßen. Gleichzeitig schwimmen sie blitzschnell davon. Über die Wirkungsweise dieser Tintenwolke gibt es unterschiedliche Auffassungen. Sie soll dem möglichen Freßfeind einerseits die Sicht auf sein Opfer nehmen, andererseits aber auch seinen Geruchssinn betäuben. Da sich die Tintenwolke nicht sofort ausbreitet, sondern eine Zeitlang scharf abgegrenzt im Wasser „steht“, wird auch die Meinung vertreten, sie soll das Opfer nachahmen, das sich in der Zwischenzeit in Sicherheit bringen kann. In jedem Fall führt das Ausstoßen einer Tintenwolke meist zu einer Verwirrung des Jägers. Dabei hilft den Tieren eine weitere Fähigkeit: Sie sind perfekte Tarnungs- und Verwandlungskünstler, die sich blitzschnell mit ihrer Färbung und ihrer Oberflächenstruktur ihrer Umgebung anpassen können, so daß sie von einem Moment zum anderen nahezu unauffindbar sind.
Eine weitere Gemeinsamkeit der Kopffüßer ist der Besitz eines „richtigen“ Gehirns und echter Linsenaugen, deren Sehleistung mit der der Wirbeltieraugen vergleichbar ist. Dadurch sind sie in der Lage, Farben und Formen zu unterscheiden. Dazu kommt auch noch ihre ausgesprochene Lernfähigkeit. Sie sind durchaus in der Lage, gemachte Erfahrungen so zu verarbeiten, daß sie sie in vielfältige Verhaltensweisen umsetzen können. Auch ihre Orientierungsfähigkeit ist sehr beeindruckend. Neuen und unbekannten Objekten oder Situationen begegnen sie in der Regel mit großer Neugier, wenn auch gepaart mit einer guten Portion Vorsicht. All diese Fähigkeiten und Eigenschaften vermitteln den Eindruck, daß es sich bei Kopffüßern um sehr „intelligente“ Lebewesen handelt, was eine Begegnung mit ihnen stets zu einem Erlebnis werden läßt.

The third mollusc class is Cephalopods which are also called cuttlefish, squid or octopus. Throughout the world, approximately 760 species are known. They can be classified into three groups: the mostly free-swimming squids with ten tentacles, the cuttlefish living mainly near the seabed, also with ten arms, and the octopus which usually lives on the seabed.
All three groups usually have an internal single shell. With sepia, it is at the back in the form of the so-called calcareous cuttlebone. With squid it is at the same location but reduced mostly to an elastic, horny structure. Octopus usually lacks it entirely.
The most conspicuous common characteristic of cephalopods are the 8–10 tentacles with suckers, located at the head, around the oral aperture. A tube-shaped funnel, freely movable to all sides is also located at the head. By squeezing out breathing water through the funnel, these animals are excellent "recoil swimmers". In addition, if attacked, they can excrete a "cloud of ink", a black-brown, glutinous liquid as they swim quickly away. As to the effectiveness of the cloud of ink, different opinions exist. On the one hand, it could blind the predator and, on the other hand, also paralyse its olfactory sense.
Because the cloud of ink does not spread immediately but "stands", clearly demarcated, for a while in the water, some hold the opinion that it tries to imitate its prey which can, in the meantime, save itself. In each case, the cloud of ink confuses the predator. The animals also have another ability: they are excellent camouflage and quick-change artists and can quickly adopt the colour of the surrounding environment which makes them difficult to find.
Another joint characteristic of cephalopods is the existence of a "real" brain and prismic eyes with a vision comparable with those of vertebrates. They are therefore able to distinguish colours and shapes. Moreover, they have an astonishing ability to learn. They are able to process learned experience which they can convert into numerous behaviour patterns. Also their ability to orientate themselves is impressive. They confront new and unknown situations usually with great inquisitiveness but also with care. All these abilities and characteristics lead to the impression that cephalopods are very "intelligent" creatures which turns contact with them into an experience.

KOPFFÜSSER CEPHALOPODS CEPHALOPODA

Gewöhnlicher Riff-Krake – Common reef octopus – *Octopus cyanea*
Langarmiger Krake – Long arm octopus – *Octopus macropus*

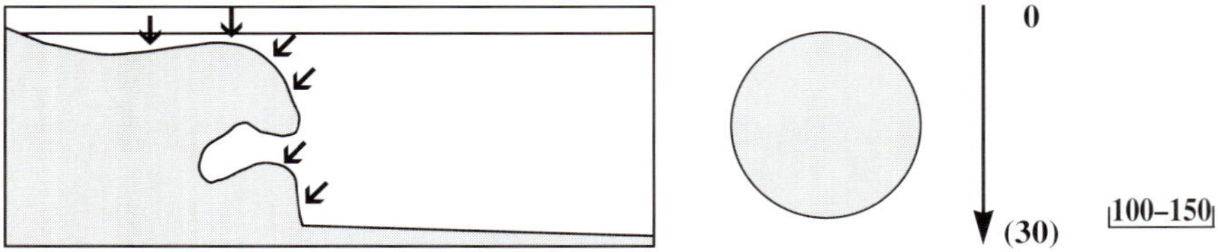

Der Gewöhnliche Riff-Krake, der bis 3 m lang werden soll, ist auf den Malediven die häufigste *Octopus*-Art. Der Langarmige Krake (großes Bild: „Schreck"-färbung) dagegen scheint eher selten zu sein.
Tagsüber leben beide Arten zurückgezogen in Löchern und Spalten. Durch die Anhäufung von Überresten ihrer Mahlzeiten (leeren Muschelschalen und Schneckenhäusern, Teile von Krebspanzern) vor ihrer „Haustür" kann man regelmäßig Tiere in ihrem Tagesunterschlupf entdecken. Erst mit Einbruch der Nacht, wenn die Mehrheit ihrer Freßfeinde unter den großen Fischen schläft, begeben sie sich selber auf Nahrungssuche. Dabei können die Tiere zwei verschiedene Strategien verfolgen. Zum einen können sie als „Wegelagerer" ihrer Beute auflauern und sie aus dem Hinterhalt überfallen. Zum anderen können sie ihre Umgebung aktiv durchsuchen und dabei jeden Stein umdrehen und jede Spalte abtasten. Beutetiere werden blitzschnell ergriffen, zum Mund geführt und mit den kräftigen papageischnabelähnlichen Hornkiefern geknackt.

The common reef octopus, which can allegedly reach a length of up to 3 m, is the most common Maldivian *octopus* species. In contrast, the long arm octopus (large picture: "panic" colouring) seems to be rare.
During the day, both species live in holes and crevices. Because they pile left overs of food (empty bivalve, crab and snail shells) outside their "front door", one can regularly discover these animals in their hide-outs. Only at night, when most of their predators amongst large fish are asleep, do they search for food. These animals may follow two strategies. On the one hand they can, as "highwaymen", waylay their prey or on the other hand, search actively their surroundings by turning each stone and looking into every crevice. Prey is grasped quickly, brought to the oral aperture and broken open by their strong, beak-like horny jaw.

Gewöhnlicher Riff-Krake – Common reef octopus – *Octopus cyanea*

Langarmiger Krake – Long arm octopus – *Octopus macropus*

KOPFFÜSSER CEPHALOPODS CEPHALOPODA

Pharao-Sepia – Pharaoh cuttlefish – *Sepia pharaonensis*

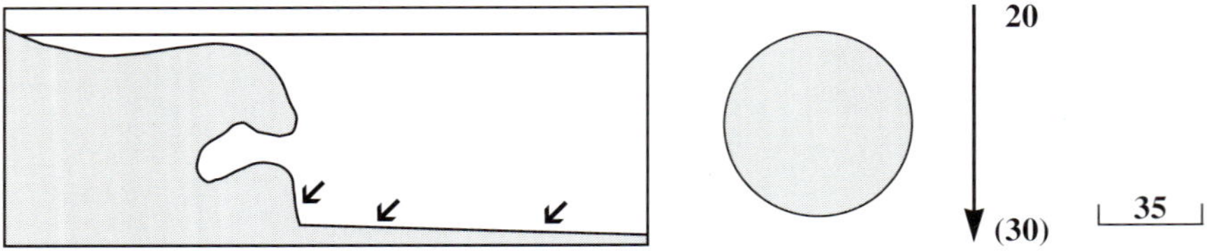

Während der Paarungszeit ist die Art auffällig gefärbt und auch am Tag zu beobachten. In dieser Zeit kann man sich den Tieren meist problemlos nähern. Außerhalb der Paarungszeit ist die Pharao-Sepia ein eher scheuer Einzelgänger. Sie hält sich stets in Bodennähe auf und ernährt sich von Fischen und Krebsen.

During the mating season, this species is coloured conspicuously and can also be seen during the day. At this time it is generally easy to approach these fish. At other times, the pharaoh cuttlefish is a shy and solitary animal. It always lives near the seabed and eats fish and crabs.

Grünaugen-Sepia – Bigfin reef squid – *Sepiotheuthis lessoniana*

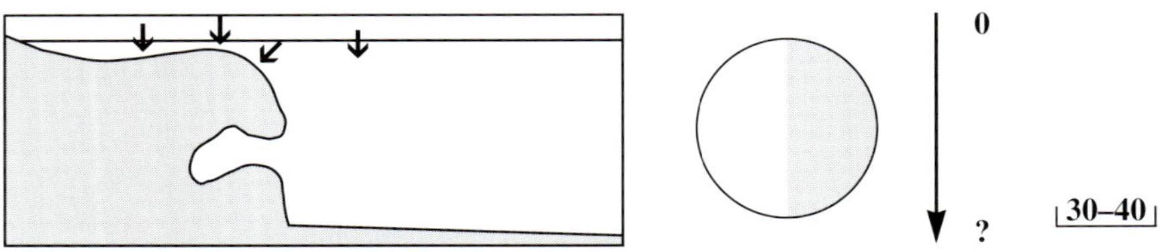

Anders als die vorangegangene Art lebt und jagt die Grünaugen-Sepia im Schwarm und hält sich stets im freien Wasser von Lagunen oder in unmittelbarer Riffnähe auf, wo sie auch ihre Nahrung, die vorwiegend aus Fischen und Garnelen besteht, erbeutet. Dabei werden Garnelen- und Jungfischschwärme eingekreist und systematisch abgefischt.

In contrast to the above species, bigfin reef squids hunt in shoals and always live in the open water of lagoons or near reefs where they hunt their prey of fish and shrimps. They encircle and systematically hunt shrimps and shoals of fry.

Pharao-Sepia – Pharaoh cuttlefish – *Sepia pharaonensis*

Grünaugen-Sepia – Bigfin reef squid – *Sepiotheuthis lessoniana*

GLIEDERFÜSSER ARTHROPODS ARTHROPODA

Namensgebend für diesen Tierstamm, zu dem außer den Krebstieren auch die Insekten, Spinnen und Tausendfüßer gehören, sind die Extremitäten, die aus einer Anzahl rohrförmiger, starrer Glieder bestehen, die durch biegsame Gelenkhäute miteinander verbunden sind. Je nach Gruppe ist eine unterschiedliche Anzahl von Extremitätenpaaren vorhanden, die je nach Lage und Position die Funktion von Schreitbeinen, Schwimmbeinen, Mundwerkzeugen, Antennen oder Fühlern und anderem mehr übernehmen. Ein weiteres Charakteristikum der Gliederfüßer ist der Besitz eines starren Außenskeletts, eines harten Panzers, der im Laufe des Wachstums mehrfach abgelegt und wieder erneuert werden muß.

This phylum, to which, besides crustaceans, insects, arachnids and millipedes also belong, was named after its extremities which consist of a number of tuboid, rigid segments, connected by chitinous articular membranes. Depending on the group, a variable number of extremity pairs exist which have, depending on position, the function of walking legs, swimming legs, mouth parts, antennae, tentacles etc. Another characteristic of arthropods is the existence of a solid exoskeleton and hard carapace which must be removed and replaced several times during growth.

KREBSTIERE CRUSTACEANS CRUSTACEA

Von den ca. 40.000 bekannten Arten aus dem Unterstamm Krebstiere lebt die Mehrzahl im Meer, als einzige Vertreter der Gliederfüßer. Krebse zeichnen sich durch zahlreiche sogenannte Spaltbeinpaare aus, die vereinfacht gesagt aus zwei Ästen bestehen, die unterschiedlich abgewandelt sind (z. B. Antennen, Scheren, Schreitbeine, Schwimmbeine, Schwanzfächer). Je nach systematischer Großgruppe variiert ihre Form und Anzahl. Allen Krebstieren gemeinsam ist der Besitz von zwei Antennenpaaren.
Das Außenskelett, der Panzer, setzt sich aus zahlreichen verschiedenen Teilen zusammen, die durch biegsame Gelenkhäute beweglich miteinander verbunden sind. Es besteht aus einer hornigen Substanz, dem Chitin, in das bei den verschiedenen Krebsarten mehr oder weniger Kalk eingelagert sein kann. Der so zum Teil sehr massive Panzer, der einen guten Schutz vor Feinden darstellt, bringt jedoch auch Nachteile mit sich, da er nicht dehnbar ist und

somit nicht mitwachsen kann. Aus diesem Grund müssen ihn die Tiere regelmäßig gegen einen größeren eintauschen, indem sie sich häuten. Dabei werden nicht nur alle Extremitäten, sondern auch Borsten und die Auskleidung der Mundhöhle und des Kaumagens mitgehäutet. Der alte Panzer, Häutungshemd oder Exhuvie genannt, wird oft für ein totes Tier gehalten. Durch Wasseraufnahme vergrößert der Krebs dann sein Volumen und dehnt so den neuen, noch weichen Panzer, so daß dieser zu groß wird und er in ihn hineinwachsen kann. Bei den Häutungen können auch fehlende oder beschädigte Extremitäten erneuert werden.
Wenn von Krebsen die Rede ist, denken wahrscheinlich die meisten an Hummer, Langusten, Krabben und Garnelen, die aber innerhalb der Klasse der Höheren Krebse zur Ordnung Zehnfußkrebse gehören und mit ca. 10.000 Arten nur ein Viertel aller Krebse stellen. Meist wesentlich kleiner, aber für das Ökosystem Meer von größerer Bedeutung, sind die Vertreter der restlichen neun Klassen der Krebse zu denen unter anderem auch die Rankenfüßer gehören.

Most of the approximately 40,000 known species of the sub-phylum crustacean live, as the only representatives of the arthropod phylum, in the oceans. The characteristics of crustaceans are numerous pairs of so-called biramous legs which are, in simple terms, of two branches which are differently developed (for instance, antennae, claws, walking legs, swimming legs, tail fan). Depending on the group, their shape and number vary but all crustaceans have two pairs of antennae.
The exoskeleton and carapace consist of many different components which are connected flexibly by chitinous articular membranes which consists of a horny substance, chitin, which in some crustaceans consists more or less of calcium. The sometimes very large carapace is a good protection against predators but has disadvantages too because it is not flexible and cannot grow.
The animals must therefore shed their skin regularly and change the carapace for a larger one. They not only skin the extremities but also the bristles and the lining of the oral aperture and pharynx. The old carapace, called integument or exhuvia, is often confused with a dead animal. The crustacean then extends its volume by water intake and stretches the new, still soft carapace to a size which enables it to grow into it. During the moulting, missing or damaged extremities may also be renewed.
When one speaks of crustaceans, most people think of lobster, spiny lobster, prawns and shrimps which, in the class of Higher Crustaceans, belong to the order of decapods and, with approximately 10,000 species, have only a quarter share of all crustaceans. Usually much smaller but for the marine ecosystem of much greater importance are the remaining nine classes of crustaceans to which, amongst others, cirripedia also belong.

Rankenfüßer Barnacles Cirripedia

Rankenfüßer sind eine Krebsgruppe, deren Vertreter (Seepocken und Entenmuscheln) zu einer sessilen Lebensweise übergegangen sind, wodurch sie außer durch den Besitz von typischen Krebslarven kaum noch Ähnlichkeiten mit anderen Krebsen zeigen. Ihre Beine sind zu Fangarmen umgebildet (gr. Bild o.), mit deren Hilfe sie Plankton und Schwebstoffe aus dem Wasser filtern.

Cirripedia are a group of crustaceans whose species (barnacles and goose barnacles) have converted to the sessile way of life and have, except through the existence of the typical crustacean larvae, hardly any similarities with other crustaceans. Their legs were converted to tentacles (large picture, above) with which they filter plankton and drifting debris from the water.

Korallenseepocke (unbest. Art) – Coral barnacle (unidentified species)

Korallenseepocken sind stets völlig in verschiedene Steinkorallen (Inserts oben) eingewachsen, so daß man das für Seepocken charakteristische kegelförmige Kalkskelett nicht erkennen kann, sondern nur die Öffnung. Die Tiere erreichen nur einen Durchmesser von wenigen Millimetern, fallen stellenweise aber durch ihr Massenvorkommen auf. Deutlich sind die ausgestreckten Fangarme auf dem großen Bild oben zu erkennen.

Coral barnacles are always grown into various stony corals (insert). The conical calcareous skeleton, characteristic of coral barnacles, can therefore not be seen, only the aperture. These animals reach only a diameter of a few millimetres but can be found at some places in great numbers. On the large picture above the extended tentacles can clearly be seen.

Entenmuschel (unbest. Art) – Goose barnacle (unidentified species)

Die nicht näher bestimmte Entenmuschel-Art lebt stets auf Schwarzen Korallen, deren Gewebe den Stiel und die Schalenplatten vollständig umwächst. Die nesselnden Polypen stellen für die Entenmuscheln einen besseren Schutz vor Feinden dar.

This unidentified goose barnacle species always lives on black corals whose tissue entirely covers their stalk and the calcareous plates. The stinging polyps are the goose barnacle's best protection against predators.

Korallenseepocke (unbest. Art) – Coral barnacle (unidentified species)

Entenmuschel (unbest. Art) – Goose barnacle (unidentified species)

Höhere Krebse Crustaceans Malacostraca

Die Höheren Krebse, zu denen unter anderem die beiden Ordnungen Fangschreckenkrebse und Zehnfußkrebse gehören, bilden wie die Rankenfüßer eine eigene Klasse.

Higher crustaceans, to which, amongst others, belong the orders of mantis shrimps and decapods, form, like cirripeadia, a separate class.

Fangschreckenkrebse Mantis Shrimps Stomatopoda

Fangschreckenkrebse (Ordnung Stomatopoda) besitzen einen flachen, langen Körper mit einem Paar Fangbeine, die blitzschnell vorgeschnellt werden können, und drei Schreitbeinpaaren. Die Fangbeine ähneln denen von Gottesanbeterinnen. Man kann zwei Gruppen unterscheiden, die beide räuberisch leben. Die max. 16 cm großen Schmetter-Fangschreckenkrebse besitzen keulen- bzw. hammerförmige Fangbeine, mit denen sie die Schale ihrer Beute, z. B. Krabben oder Schnecken, zertrümmern. Die Schläge ihrer Fangbeine können die gleiche Kraft erzielen wie ein aufschlagendes kleinkalibriges Geschoß.
Die bis 40 cm großen Speer-Fangschreckenkrebse besitzen speerförmige Fangbeine, mit denen sie meist Fische oder Garnelen durchbohren. Beide Gruppen sind Lauerjäger, die ihrer Beute meist von ihrer Wohnröhre oder ihrem Unterschlupf aus auflauern. Bei Gefahr können Fangschreckenkrebse durch ruckartiges Einklappen des Schwanzfächers schnell davonschwimmen.

Mantis shrimps (order Stomatopoda) have a flat, long body with a pair of grasping legs which can be extended quickly, and three pairs of walking legs. The grasping legs are similar to those of the praying mantis. One can differentiate two classes which are both predators. The coloured mantis shrimps up to 16 cm have club or hammer-shaped grasping legs with which they destroy the shell of their prey (for instance crabs or snails). The blows of their grasping legs can have the same power as the impact of a small-bore bullet.
The mantis shrimps *(Lysiosquilla sp.)* up to 40 cm have spear-shaped grasping legs with which they go right through their prey (mostly fish or shrimps). Both groups are lurking hunters and wait in their dwelling-tubes or hideouts for their prey. If danger arises, they swim away quickly by folding up their tail fan.

Bunter Schmetter-Fangschreckenkrebs – Colored mantis shrimp –
Odontodactylus scyllaris

Fangschreckenkrebse Mantis Shrimps Stomatopoda

Bunter Schmetter-Fangschreckenkrebs – Colored mantis shrimp – *Odontodactylus scyllaris*

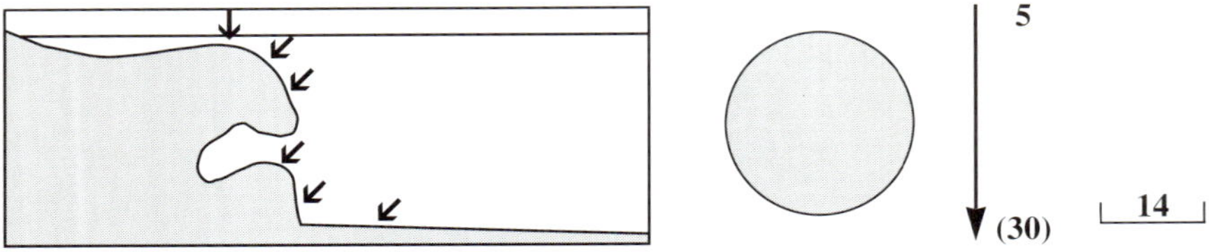

Bei dem Tier auf Seite 149 handelt es sich um ein Weibchen, das zwischen ihren Kieferfüßen einen Eiballen mit sich trägt und durch Wenden mit Frischwasser versorgt. Bis zum Schlupf der Larven kann es keine Nahrung aufnehmen. Bei Bedrohung wird der auffällig gefärbte Schwanzfächer zur Abschreckung nach vorn gestreckt (Insert diese Seite). Schmetter-Fangschreckenkrebse graben keine Gänge, sondern leben frei in Höhlen und Spalten im Riff.

The animal depicted on page 149 is female, carrying an clump of eggs between its jaw-feet and supplying it with fresh water by turning. Until the larvae is hatched it cannot eat. If danger arises, it extends its conspicuous tail fan to the front (insert on this page). Coloured mantis shrimps do not dig tunnels but live freely in the caves and crevices of the reef.

Speer-Fangschreckenkrebs – Mantis shrimp – *Lysiosquilla sp.*

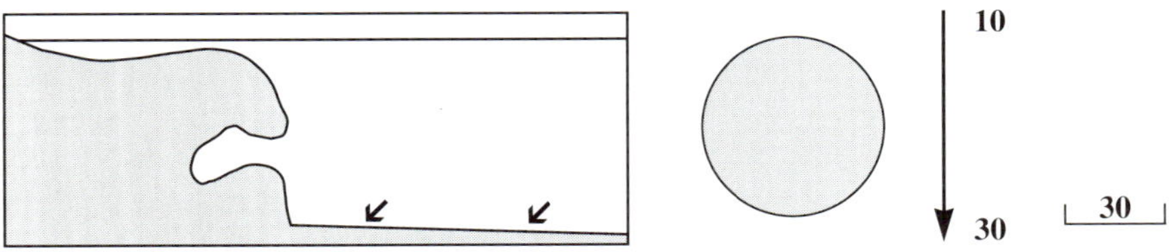

Diese beiden Arten leben wie alle Speer-Fangschreckenkrebse in selbst gegrabenen Gängen auf Sandböden. Fangschreckenkrebse sind Einzelgänger, die ihr Revier gegen Artgenossen verteidigen (Schmetterer mehr als Speerer).

These two species live, as all spear mantis shrimps do, in self-burrowed tunnels on sandy seabeds. Mantis shrimps live singly and defend their territory against their conspecifics *(Odontodactylus* more than *Lysiosquilla).*

Bunter Schmetter-Fangschreckenkrebs – Colored mantis shrimp –
Odontodactylus scyllaris
Speer-Fangschreckenkrebs – Mantis shrimp – *Lysiosquilla sp.*

Zehnfußkrebse Decapods Decapoda

Zehnfußkrebse, die weltweit mit mehr als 10.000 Arten vertreten sind, sind durchschnittlich größer als alle anderen Krebstiere und erreichen meist mehrere Zentimeter Länge bzw. Breite. Die größten Arten, z. B. ein Hummer, können 60 cm Körperlänge erreichen. Andere Arten dagegen, die zwar eine geringere Körpergröße aufweisen, beeindrucken durch riesige Scheren (bis 45 cm lang) oder extrem lange Scherenbeine (bis 1,5 m lang).
Zehnfußkrebse besitzen fünf Schreitbeinpaare, von denen je nach Art eines oder mehrere mit Scheren am Ende ausgestattet sind. Der Körper ist meist deutlich in einen Kopf-Brust-Abschnitt, den Cephalothorax, und einen Hinterleib, das Abdomen, untergliedert. Am Cephalothorax befinden sich außer den fünf Schreitbeinpaaren auch noch die zwei Antennenpaare und drei Paar Mundwerkzeuge, die Kieferfüße oder Maxillipoden, die die Nahrung halten und zerkleinern. Am Vorderrand, gewissermaßen an der Stirn, geht der Cephalothorax bei vielen Zehnfußkrebsen in einen mehr oder weniger langen, spitzen Fortsatz über, das sogenannte Rostrum.
Der Teil des Außenskeletts, der den Rücken und die Seiten des Cephalothorax bildet, wird als Carapax bezeichnet. An beiden Körperseiten bildet der Carapax jeweils einen fast geschlossenen Kiemenraum, der die empfindlichen Kiemen schützt und einen gerichteten Atemwasserstrom ermöglicht, wobei das Atemwasser in der Regel unten zwischen den Beinhüften einströmt und vorne an der Körperspitze im Bereich der Mundwerkzeuge wieder austritt.
In den Basisgliedern der Antennen befinden sich spezielle Sinnesorgane, die Statocysten, die mit unserem Gleichgewichtsorgan vergleichbar sind. In ihnen befinden sich Sandkörnchen und andere Fremdkörper, die nach jeder Häutung neu aufgenommen werden müssen, damit das Sinnesorgan funktionsfähig bleibt. Würde man einem frischgehäuteten Krebs nur Eisenspäne als Fremdkörper anbieten, dann könnte man ihn anschließend mit einem Magneten dazu bringen, jede beliebige Körperlage einzunehmen!
Am Abdomen befinden sich sechs Paar Hinterleibsbeine (Pleopoden), die als Spaltbeine mit zwei Ästen ausgebildet sind. Das erste ist bei Weibchen meist zurückgebildet, während es bei Männchen zu einem Begattungsorgan, dem Gonopod, umgebildet ist. Die Pleopodenpaare zwei bis fünf dienen bei Weibchen als Eiträger, an denen die Eier befestigt und durch ständiges Fächeln mit Frischwasser versorgt werden. Bei zahlreichen Arten dienen die Hinterleibsbeine bei beiden Geschlechtern außerdem auch der schwimmenden Fortbewegung. Das sechste Pleopodenpaar ist bei beiden Geschlechtern als Schwanzfächer, dem Uropod, ausgebildet.
Entsprechend ihrer Körperform und der Festigkeit ihres Panzers kann man die Zehnfußkrebse klassischerweise in die Garnelen (Natantia) und die Panzerkrebse (Reptantia) unterteilen, die man wiederum aufgrund ihrer unterschied-

lichen Körperform in fünf weitere Gruppen untergliedern kann: Langusten-Verwandte, Hummer-Verwandte, Krabben, Einsiedlerkrebse, Springkrebse.

Decapods, which are represented worldwide by 10,000 species, are on average larger than all other crustaceans and general reach a length or width of several centimetres. The larger species, for instance, lobster, can reach a body length of up to 60 cm. In contrast, other and smaller species can have giant claws (up to 45 cm long) or extremely long pincer limbs (up to 1.5 m long).
Decapods have five pairs of walking legs of which, depending on species, one or several have a claw at the tip. The body is generally clearly sub-divided into the head-thorax section, the cephalothorax, and the abdomen. Besides the five pairs of walking legs, the cephalothorax also has two pairs of antennae and three pairs of mouth parts, the jaw-feet or maxillipeds, which hold and crush food. At the front rim, almost at the forehead, the cephalothorax changes with many decapods into a more or less long process, the so-called rostrum.
The part of the exoskeleton which forms the back and side of the cephalothorax is called the carapace. At both sides of the body, the carapace forms an almost closed gill chamber which protect the sensitive gills and enable a directed flow of breathing water whilst breathing water is usually taken in between the basis of the legs and expelled at the front of the body, in the area of the mouth parts.
In the basal segments of the antennae special sense organs are located, the statocysts, which are comparable with our vestibular apparatus of the ear. They carry sand grains and other alien bodies which have to be taken in after each skin loss to ensure the function of the sense organ. If only iron shavings were available for the freshly moulted crustacean one could use a magnet to shift it in any direction!
On the abdomen are six pairs of legs (pleopods) which are biramous legs consisting of two branches. With females, the first pair is mostly underdeveloped whilst with males it is converted into a copulatory organ, the gonopod. In females, the second to fifth pair of pleopods serve as egg carriers to which the eggs are fixed and supplied with fresh water by constant fanning. With numerous species, the abdominal legs of both sexes are also used for swimming. With both sexes, the sixth pair of pleopods is converted into a tail fan, the uropod.
According to their body shape and solidity of carapace, decapods can be sub-divided into swimmers (Natantia) and crawlers (Reptantia) which again, because of their different body shape, can be sub-divided into five further groups: spiny and slipper lobster, lobster, crabs, hermit crabs and squat lobsters.

Garnelen Shrimps Decapoda

Garnelen besitzen meist einen langgestreckten, seitlich abgeflachten Körper mit einem langen Hinterleib, der nach hinten gestreckt ist. Sie sind nur schwach gepanzert und wirken deshalb oft zart und zerbrechlich. Ihre Hinterleibsfüße sind in der Regel gut entwickelt und werden auch zum Schwimmen benutzt. Zahlreiche Arten können noch nicht allein anhand ihrer Färbung identifiziert werden, da der Wissenschaft nur die anatomischen Merkmale bekannt sind, aber eben nicht die Lebendfärbung. Viele Garnelenarten leben in den unterschiedlichsten Lebensgemeinschaften mit anderen Tieren zusammen.

Shrimps have a mostly longitudinal, flat-sided body with a long abdomen, extended to the rear. They are only slightly armoured and seem therefore to be fragile and fine. Their abdominal legs are usually well developed and are used for swimming. Numerous species cannot be identified entirely on their colour because science knows only the anatomical characteristics, not their livery. Many shrimp species live, with other animals, in the most different biocoenoses.

Rotweiß-gebänderte Scherengarnele – Banded coral shrimp – *Stenopus hispidus*

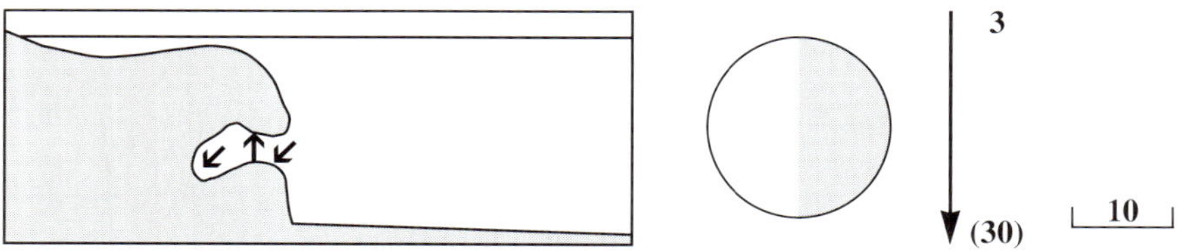

Rotweiße Scherengarnelen, die weltweit in allen tropischen Meeren vorkommen, leben fast immer paarweise zusammen. Mit ihren wippenden, auffällig weißen Antennen, die deutlich sichtbar aus Löchern oder Spalten herausragen, signalisieren sie Fischen ihre Putzbereitschaft. Tagsüber kann man in ihren Putzstationen oft Muränen antreffen, die sich putzen lassen.

Banded coral shrimps, which can be found in all tropical oceans, live almost always as couples. With their whipping, conspicuous antennae, which extend and are clearly visible from holes or crevices, they signal to fish their willingness to clean. During the day, one can often find moray eels in their cleaning stations, waiting to be cleaned.

Rotweiß-gebänderte Scherengarnele – Banded coral shrimp – *Stenopus hispidus*

Garnelen Shrimps Decapoda

Geister-Scherengarnele – Ghost coral shrimp – *Stenopus pyrsonotus*

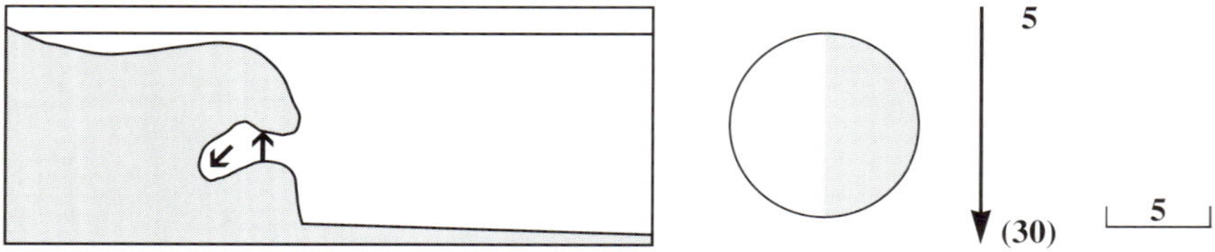

Die Geister-Scherengarnele ist auf den Malediven wesentlich seltener als die Rotweiß-gebänderte Scherengarnele und lebt auch versteckter. Sie lebt sowohl einzeln als auch paarweise und wurde ebenfalls schon beim Putzen von Fischen beobachtet. Scherengarnelen bilden eine eigene Familie (Stenopodidae).

In the Maldives, ghost coral shrimps are much rarer than banded coral shrimps and also live more in hiding. They live singly and as pairs and have been observed whilst cleaning fish. Coral shrimps are an independent family (Stenopodidae).

Rotfleck-Scherengarnele – Red spotted coral shrimp – *Stenopus devaneyi*

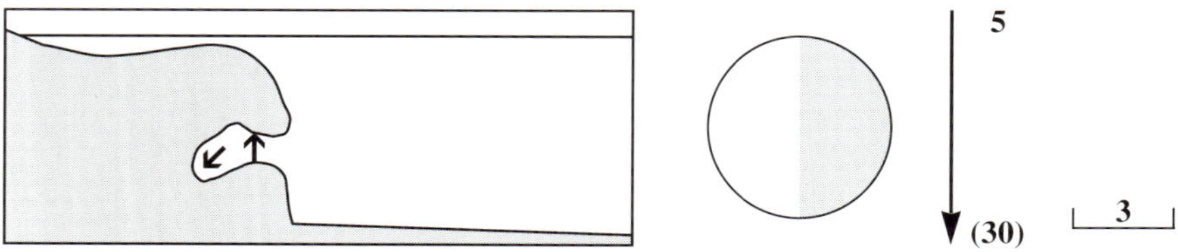

Die Rotfleck-Scherengarnele ist nicht nur die kleinste der drei *Stenopus*-Arten auf den Malediven, sondern auch mit Abstand die seltenste. Sie lebt noch versteckter als die Geister-Scherengarnele und ist stets paarweise anzutreffen. Ob sie wie ihre beiden Schwesterarten als Putzergarnele tätig ist, konnte nicht geklärt werden.

The red spotted coral shrimp is not only the smallest of the three Maldivian *Stenopus* species but also by far the rarest. It lives even more in hiding than the ghost coral shrimp and can always be found in pairs. Whether it works, like both its "sisters", as cleaner shrimp is still unclear.

Geister-Scherengarnele – Ghost coral shrimp – *Stenopus pyrsonotus*

Rotfleck-Scherengarnele – Red spotted coral shrimp – *Stenopus devaneyi*

Garnelen Shrimps Decapoda

Gelber Pistolenkrebs – Yellow snapping shrimp – *Alpheus djeddensis*

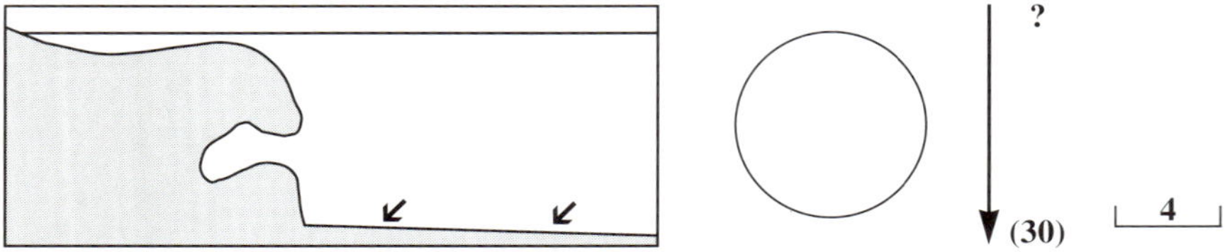

Zahlreiche Arten aus der Gattung *Alpheus* leben in Gemeinschaft mit Wächtergrundeln aus verschiedenen Gattungen (z. B. *Amblyeleotris*, *Lotilia*, *Stonogobius*). Dabei handelt es sich um eine Symbiose, da beide Partner aus ihrem Zusammenleben Vorteile gewinnen. Die Wächtergrundeln leben jeweils einzeln oder paarweise in der Wohnröhre eines Garnelenpaares, seltener eines einzelnen Krebses. Diese Röhren bieten den Grundeln eine sichere Höhle und somit Schutz vor Feinden. Die Grundeln übernehmen dafür die Aufgabe eines Wachpostens und warnen ihre schlecht sehenden „Schaufelbagger“ vor Gefahren. Dadurch können sich die Garnelen bei ihrer Bautätigkeit gefahrlos an die Oberfläche begeben. Im Eingangsbereich der Röhre halten sie immer mit einer Antenne Kontakt zum Körper ihrer Wächtergrundel, um deren Bewegungen, die als Signale dienen, wahrnehmen zu können. Das obere Tier lebt mit der Gesprenkelten Wächtergrundel *Amblyeleotris periophthalma*, das untere mit der Pracht-Wächtergrundel *A. wheeleri* zusammen.

Numerous species of the *Alpheus* genus live in biocoenosis with prawn gobies of various genera (for instance, *Amblyeleotris, Lotilia, Stonogobius)*. It is a symbiosis because both partners have advantages from this biocoenosis. Prawn gobies live as pairs or singly in the dwelling-tubes of shrimp pairs, rarely in those of single shrimps. These tubes are safe caves for gobies and therefore protection against predators. The gobies are the sentries and warn the "excavators", which have poor eyesight, of danger. During building, shrimps can therefore move to the surface without danger. Within the entrance area of the tube, they are always connected via one antenna contact to the body of their sentry to feel their warning body movements. The animal above lives in biocoenosis with the Spotted prawn goby *(Amblyeleotris periophthalma)*, the animal below with the Magnificent prawn goby *(A. wheeleri)*.

Gelber Pistolenkrebs – Yellow snapping shrimp – *Alpheus djeddensis*

Garnelen Shrimps Decapoda

Pracht-Pistolenkrebs – Banded snapping shrimp – *Alpheus randalli*

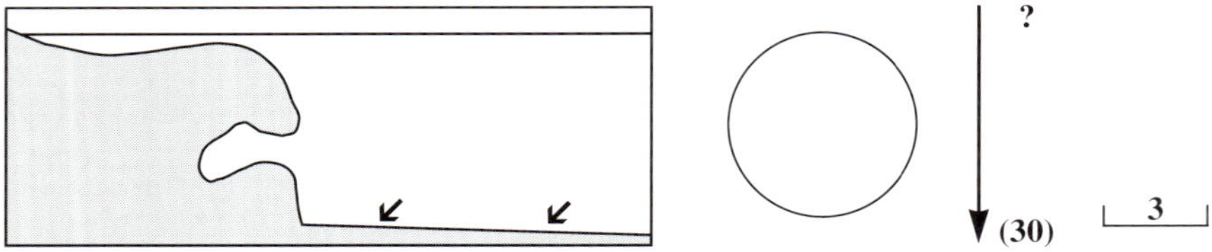

Ihren Namen haben Pistolenkrebse wegen ihrer linken, deutlich größeren Knallschere bekommen, mit der sie pistolenschußähnliche Laute erzeugen können, durch die sie Feinde verjagen und kleine Beutetiere lähmen können. Das abgebildete Tier lebt mit der Aurora-Wächtergrundel *Amblyeleotris auroa* zusammen.

Snapping shrimps received their name because of their left, visibly larger "pistol-claw" which produces an audible snapping noise to frighten off predators and paralyse smaller prey. The animal depicted lives in biocoenosis with the Aurora prawn goby *(Amblyeleotris aurora).*

Schmutziger Pistolenkrebs – Dirty snapping shrimp – *Alpheus sp.*

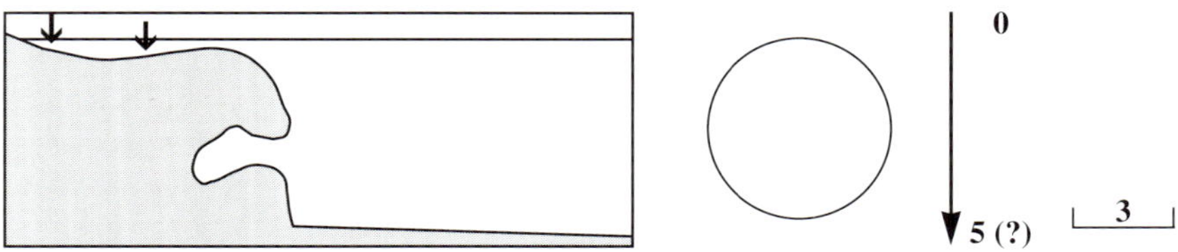

Diese nicht genau bestimmte, unscheinbar gefärbte Art kann bereits im knöcheltiefen Wasser von Lagunen direkt am Strand beobachtet werden. Das abgebildete Tier lebt mit der Sand-Wächtergrundel *Ctenogobius feroculus* zusammen. Pistolenkrebse bilden eine eigene Familie (Alpheidae).

This not exactly identified, inconspicuous species can be found from the ankle-deep water of lagoons onwards. The animal depicted lives in biocoenosis with Sand prawn goby *(Ctenogobius feroculus).* Snapping shrimps form an independent family.

Pracht-Pistolenkrebs – Banded snapping shrimp – *Alpheus randalli*

Schmutziger Pistolenkrebs – Dirty snapping shrimp – *Alpheus sp.*

Garnelen Shrimps Decapoda

Weißband-Putzergarnele – White banded cleaner shrimp – *Lysmata amboinensis*

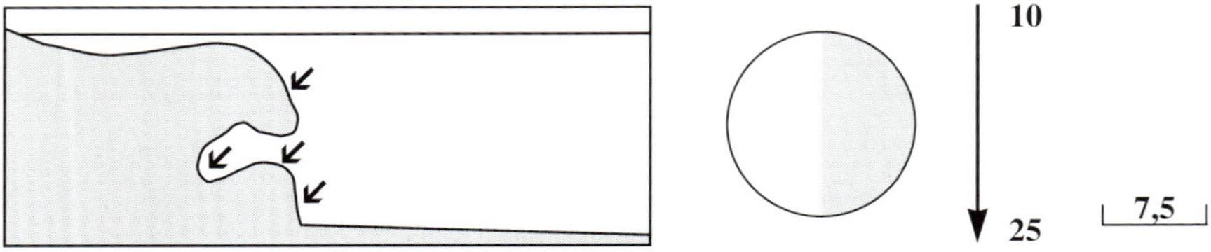

Die Weißband-Putzergarnele teilt sich gelegentlich eine Putzstation mit der Rotweiß-gebänderten Scherengarnele. Mit ihren deutlich kleineren Scheren übernimmt sie offensichtlich andere Putzaufgaben, so daß beide Arten ohne größere Konkurrenz gemeinsam an einer Putzstation vorkommen können.

The White banded cleaner shrimp sometimes shares a cleaning station with the Banded coral shrimp. With its clearly smaller claws it obviously carries out other cleaning tasks which ensures that both species can live jointly in a cleaning station.

Kardinals-Putzergarnele – Cardinal cleaner shrimp – *Lysmata debelius*

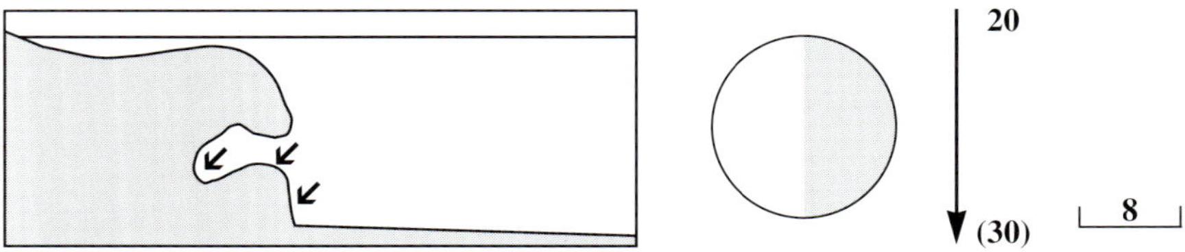

Diese attraktive Art ist scheuer als die Weißband-Putzergarnele und lebt paarweise oder in kleinen Gruppen. Da die Tiere von den Malediven etwas anders gefärbt sind als im restlichen Verbreitungsgebiet, handelt es sich bei ihnen eventuell um eine neue, noch unbeschriebene Art.

This attractive species is shyer than the White banded cleaner shrimp and lives in pairs or groups. Because these animals vary in the Maldives slightly in colour it may be a new, unidentified species.

Weißband-Putzergarnele – White banded cleaner shrimp – *Lysmata amboinensis*

Kardinals-Putzergarnele – Cardinal cleaner shrimp – *Lysmata debelius*

Garnelen | Shrimps | Decapoda

Gemeine Marmorgarnele – Common marble shrimp – *Saron marmoratus*
Sternchen-Marmorgarnele – Star marble shrimp – *Saron sp.*

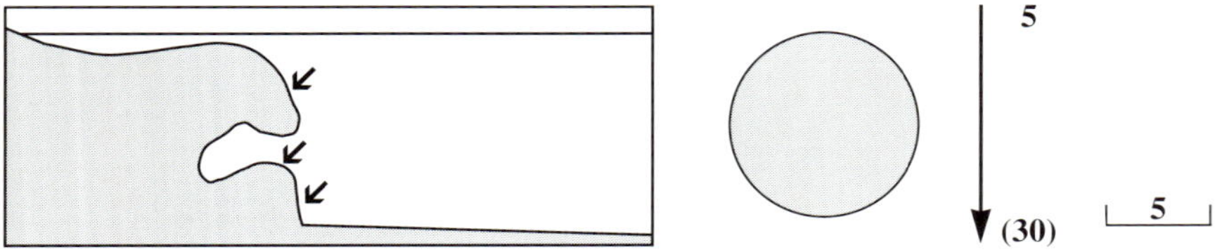

Beide Arten leben sehr versteckt. Die Männchen unterscheiden sich durch deutlich verlängerte Scherenbeine von den Weibchen. Die Gemeine Marmorgarnele (Insert) wechselt ihre Färbung von braun marmoriert am Tag in ein kräftiges Rot bei Nacht. Bei der Sternchen-Marmorgarnele (gr. Bild) handelt es sich wahrscheinlich um eine noch unbeschriebene Art.

Both species live very much in hiding. Males differ from females by clearly extended pincer limbs. The Common marble shrimp (insert) changes its colour from marbleised brown (by day) to a strong red (at night). The Star marble shrimp depicted (large picture) is probably a still unidentified species.

Hohlkreuz-Garnele – Amboin shrimp – *Thor amboinensis*

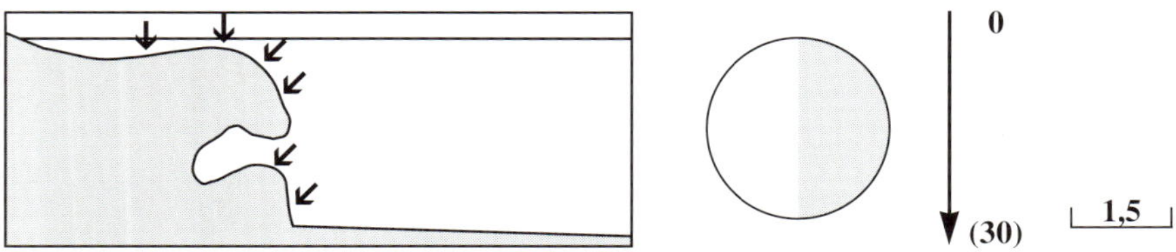

Die Art lebt stets in kleinen Gruppen unterschiedlich großer Tiere an oder in mindestens sieben verschiedenen Anemonenarten sowie an Zylinderrosen, auf Anemonenkorallen und Blasenkorallen (Foto).

This species always lives in small groups of differently sized animals on or in at least seven different anemone species, tube anemones, corallimorphs and bubble corals (photo).

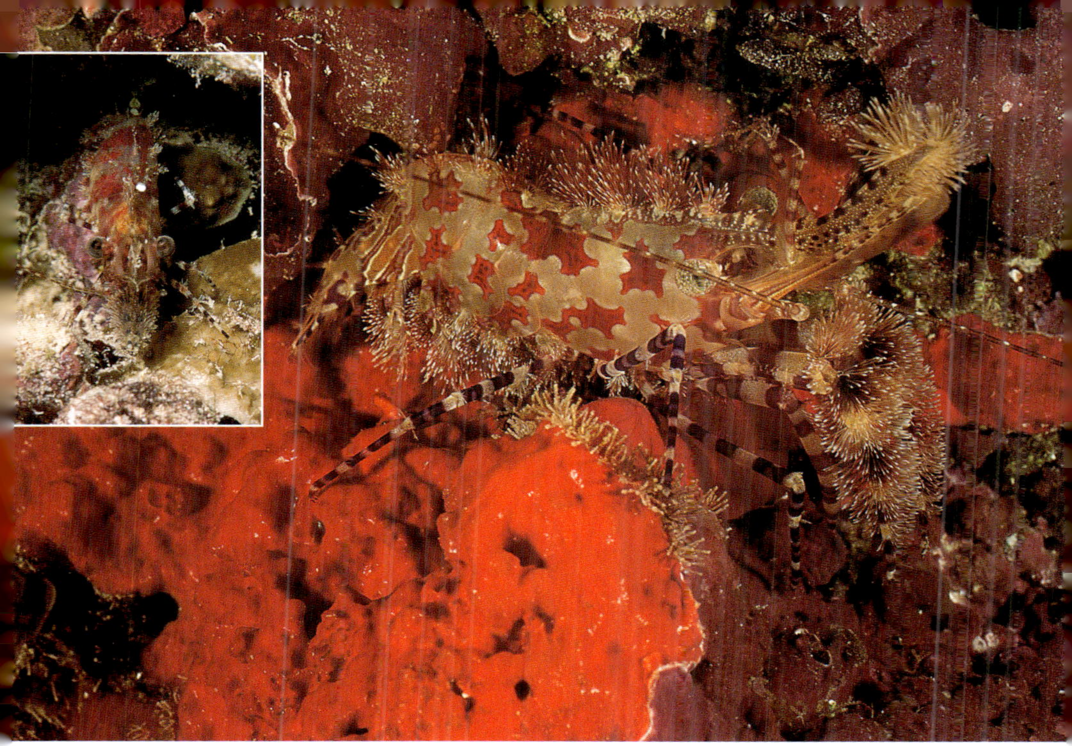

oben: Sternchen-Marmorgarnele – Star marble shrimp – *Saron sp.*
Insert: Gemeine Marmorgarnele – Common marble shrimp – *Saron marmoratus*
unten: Holzkreuz-Garnele – Amboin shrimp – *Thor amboinensis*

Garnelen Shrimps Decapoda

Rotweiß-gepunktete Putzergarnele – Red-white spotted cleaner shrimp – *Leandrites cyrtorhynchus*

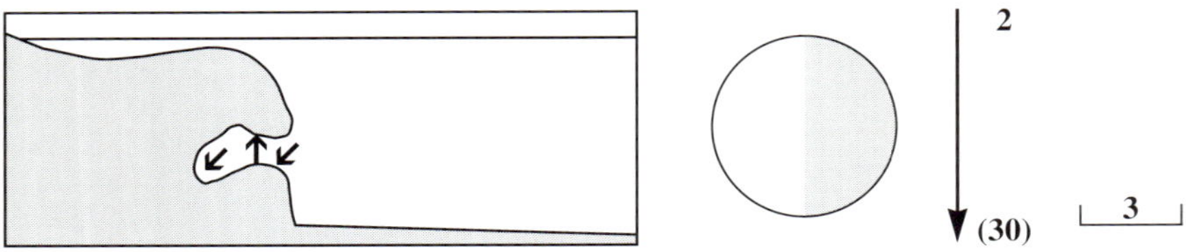

Diese Putzergarnele, die wie die Arten auf den folgenden drei Doppelseiten zur Familie Palaemonidae gehört, lebt entweder einzeln oder in kleinen Gruppen und hält sich häufig bei Muränen auf, die sie putzt (Insert).

This cleaner shrimp, which belongs as the species depicted on the three following pages to the Palaemonidae family, lives either singly or in small groups. They can often be found with moray eel which they clean.

Durchsichtige Putzergarnele – Transparent cleaner shrimp – *Leandrites sp.*

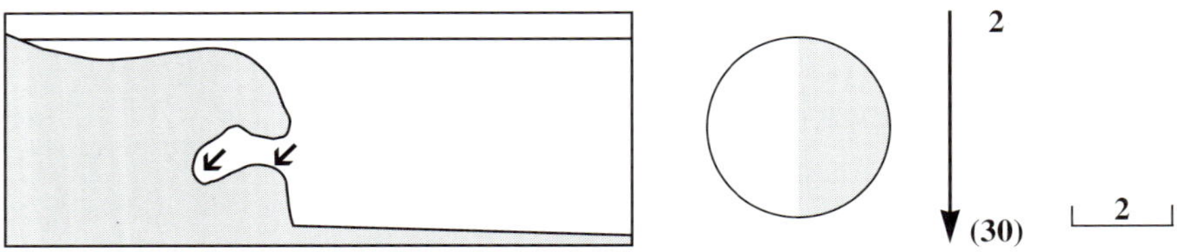

Neben der Rotweiß-gepunkteten Putzergarnele gibt es in der Gattung *Leandrites* weitere, eventuell wissenschaftlich noch nicht beschriebene Arten, die ebenfalls putzen. Die Durchsichtige Putzergarnele ist oftmals in großen Gruppen von hundert und mehr Tieren anzutreffen. Putzwillige Fische werden von ihnen dann gleichzeitig am gesamten Körper „verarztet".

Besides the Red-white spotted cleaner shrimp, the *Leandrites* genus includes further cleaner species which are probably not described scientifically as yet. The Transparent cleaner shrimp can often be found in groups of one hundred or more animals. Fish willing to be cleaned are often cleaned by a whole group at once.

Rotweiß-gepunktete Putzergarnele – Red-white spottet cleaner shrimp – *Leandrites cyrtorhynchus*

Durchsichtige Putzergarnele – Transparent cleaner shrimp – *Leandrites sp.*

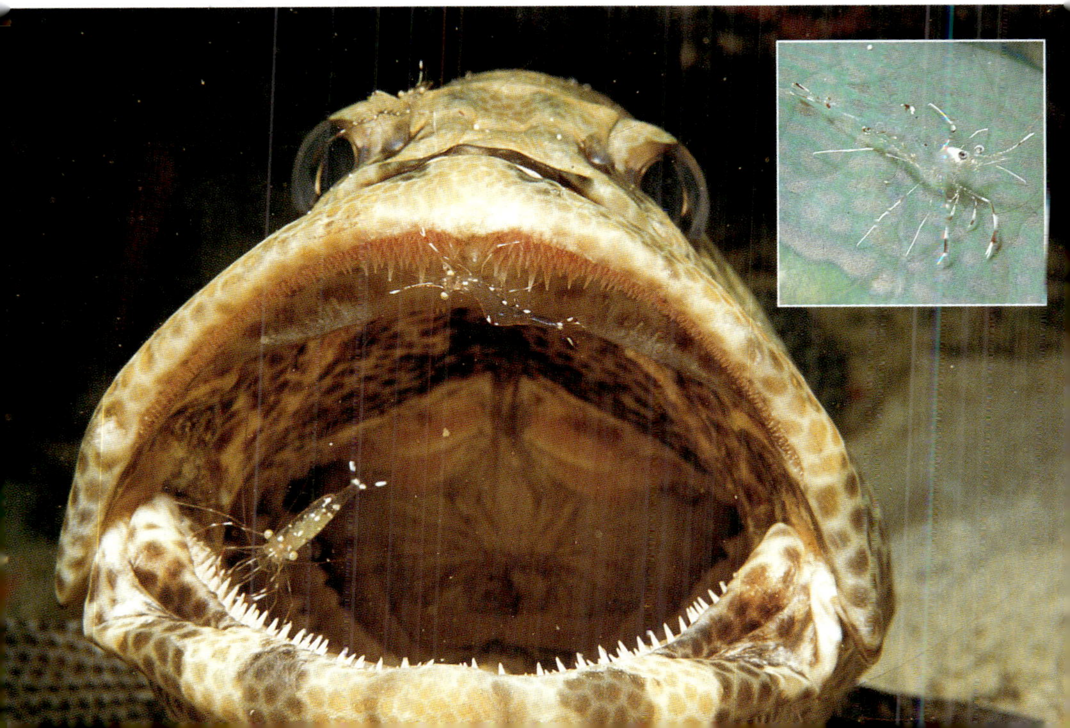

Garnelen Shrimps Decapoda

Gelbe Dörnchenkorallen-Garnele – Black coral shrimp – *Dasycaris sp.*
Rostrote Dörnchenkorallen-Garnele – Black coral shrimp – *Dasycaris zanzibarica*

Die nur 1,5 cm große Rostrote Dörnchenkorallen-Garnele (rechts unten) lebt stets einzeln oder paarweise auf der Gewundenen Drahtkoralle *Cirripathes anguinea*. Wie bei vielen Garnelen sind Weibchen dieser perfekt an ihren Wirt angepaßten Garnele deutlich größer als Männchen (unten). Ob es sich bei der genauso großen Gelben Dörnchenkorallen-Garnele (rechts oben) um eine eigene Art oder nur um eine Farbvariante handelt, konnte nicht geklärt werden.

The Rust-coloured black coral shrimp (below right) only 1.5 cm in size always lives singly or in pairs on Coiled wire corals *(Cirripathes anguinea)*. As with many shrimps, the female of this shrimp perfectly adapted to the host is clearly larger than the male (below). Whether the Yellow black coral shrimp (above right) is an independent species or only a colour variation could not be established.

oben: Gelbe Dörnchenkorallen-Garnele – Black coral shrimp – *Dasycaris sp.*
unten und linke Seite: Rostrote Dörnchenkorallen-Garnele –
Black coral shrimp – *Dasycaris zanzibarica*

Garnelen Shrimps Decapoda

Pfauenaugen-Partnergarnele – Peacock eyed partner shrimp – *Periclimenes brevicarpalis*

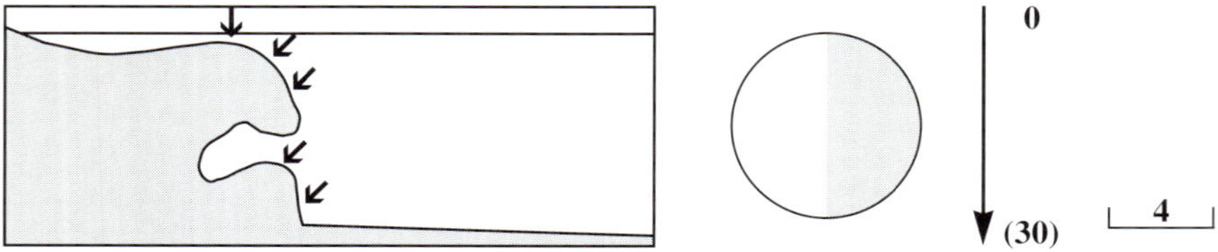

Die Art lebt einzeln oder paarweise auf verschiedenen, meist stark nesselnden, Anemonenarten, wodurch sie einen guten Schutz vor Freßfeinden genießt. Ob die Wirtsanemone durch ihre Untermieter geschädigt wird, wie es bei einigen anderen *Periclimenes*-Arten beobachtet wurde, ist noch nicht bekannt.

This species lives singly or in pairs on different, mostly stinging anemone species which gives protection against predators. Whether the host anemone is damaged by its lodger, as could be observed with other *Periclimenes* species, is still unknown.

Rotscheren-Partnergarnele – Red nipper partner shrimp – *Periclimenes tenuipes*

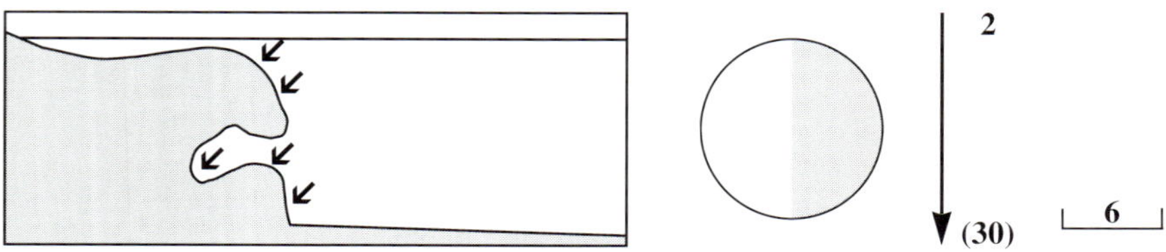

Anders als die meisten Arten aus der Gattung *Periclimenes*, die je nach Art mit den unterschiedlichsten Nesseltieren und/oder Stachelhäutern zusammenleben, lebt diese Art stets ohne Partner. Aufgrund ihres durchsichtigen Körpers wird sie meist übersehen, obwohl sie überall häufig ist.

In contrast to most species of the *Periclimenes* genus, which have a biocoenosis with various cnidarians and/or echinoderms, this species always lives singly. Because of its transparent body it is often overlooked but can always be found.

Pfauenaugen-Partnergarnele, Weibchen – Peacock eyed partner shrimp, female –
Periclimenes brevicarpalis; Insert: Männchen – male
Rotscheren-Partnergarnele – Red nipper partner shrimp – *Periclimenes tenuipes*

Garnelen Shrimps Decapoda

Imperator-Partnergarnele – Emperor partner shrimp – *Periclimenes imperator*

Außer auf Seegurken der Gattungen *Stichopus* (Foto) und *Synapta* leben die Jungtiere der bis 2,5 cm große Imperator-Partnergarnele meist einzeln auch auf Haarsternen und Seesternen. Erwachsene Tiere können dagegen fast immer paarweise auf der Spanischen Tänzerin *Hexabranchus sanguineus* angetroffen werden, an die sie besonders eng gebunden sind. Untersuchungen zufolge vermutet man, daß die Garnelen ihren Wirt geruchlich (chemisch) erkennen. Sie können sich farblich perfekt an ihren Wirt anpassen, wodurch ihre Färbung ausgesprochen variabel sein kann.

Except on sea cucumbers of the genera *Stichopus* (photo) and *Synapta,* the young animals of the emperor partner shrimp up to 2.5 cm live also mostly on crinoids and starfish. In contrast, adult animals can almost always be found on the Spanish dancer *(Hexabranchus sanguineus)* to which it is bound closely. According to investigations it is assumed that shrimps identify their host by the scent (chemically). They can adapt perfectly to the host's colour which makes their own colour very different.

Seestern-Partnergarnele – Starfish partner shrimp – *Periclimenes soror*

Diese nur 1,5 cm große Art lebt fast immer in kleinen Gruppen auf verschiedenen Seesternarten. Auf den Malediven konnten die Seestern-Partnergarnelen vom Autor auf dem Gekörnten Kissenseestern *Choriaster granulatus*, dem Indischen Kissenseestern *Culcita schmideliana* und dem Gelben Rundarmseestern *Linckia guildingi* angetroffen werden. Eine sichtbare Schädigung ihrer Wirte konnte in keinem Fall beobachtet werden. Auch die Seestern-Partnergarnele kann sich farblich perfekt an ihren Wirt anpassen.

This species only 1.5 cm large in size lives almost always in small groups on various starfish species. In the Maldives, the author observed Starfish partner shrimps on the Granular cushion starfish *(Choriaster granulatus),* the Indian cushion starfish *(Culcita schmideliana)* and the Yellow starfish *(Linckia guildingi).* Visible damage to their hosts could not be detected in any case. The Starfish partner shrimp can also adapt perfectly in colour to its host.

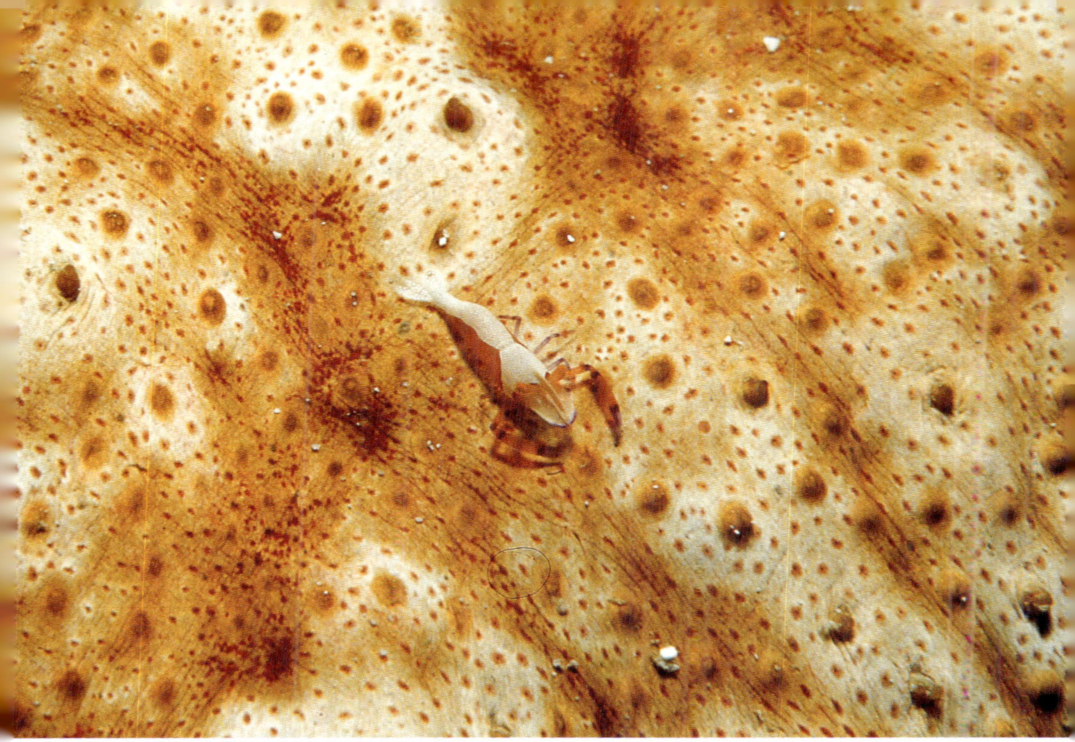

Imperator-Partnergarnele – Emperor partner shrimp – *Periclimenes imperator*
Seestern-Partnergarnele – Starfish partner shrimp – *Periclimenes soror*

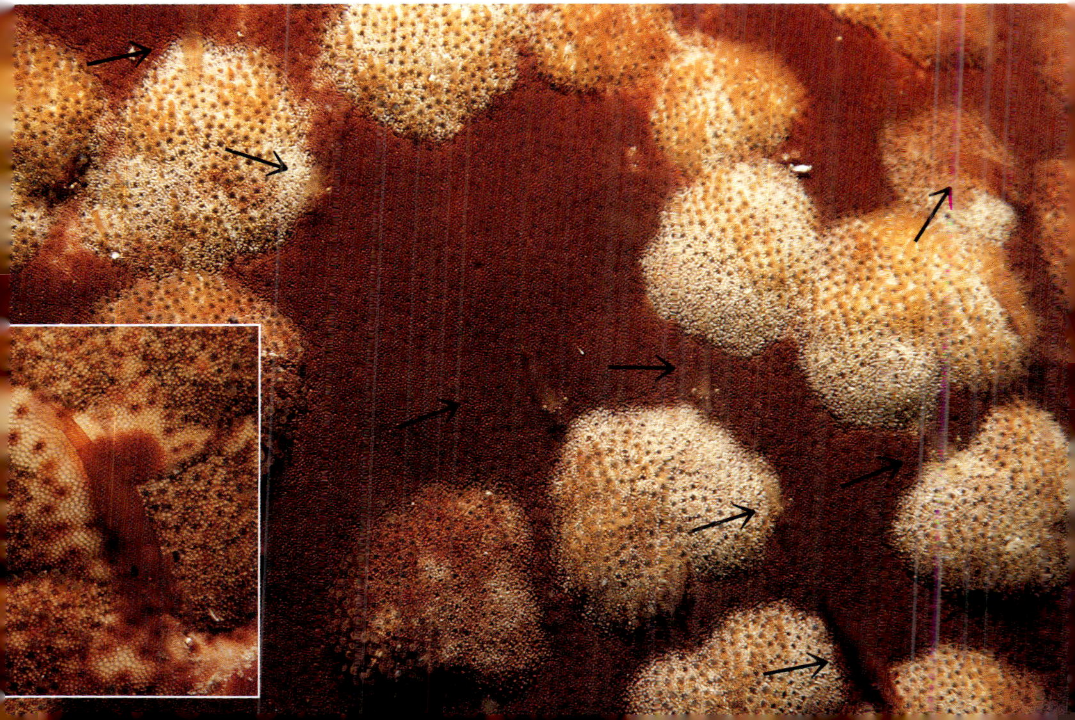

Garnelen Shrimps Decapoda

Blasenkorallen-Garnele – Bubble coral shrimp – *Vir philippinensis*

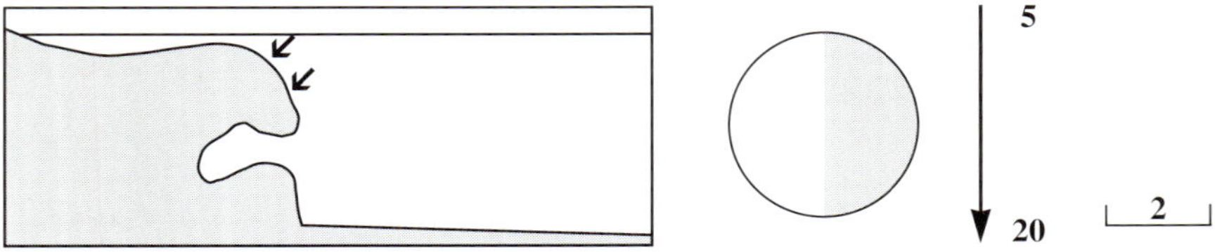

Diese Garnele scheint ausschließlich auf der Blasenkoralle *Plerogyra sinuosa* zu leben, wo sie meist einzeln und nur seltener paarweise angetroffen wurde.

This shrimp seems only to live on Bubble corals *(Plerogyra sinuosa)* where it can be found usually singly or sometimes in pairs.

Unbest. Dörnchenkorallen-Garnele – unidentified black coral shrimp
Unbestimmte Anemonen-Garnele – unidentified anemone shrimp

Diese beiden Garnelenarten stehen stellvertretend für die große Zahl von Arten, die zur Zeit noch nicht per Foto zu bestimmen sind, da die fotografierten Tiere nicht zur wissenschaftlichen Bestimmung vorliegen und ihre Lebendfärbung allein als Merkmal nicht ausreicht. Bei der bis zu 1,5 cm großen Dörnchenkorallen-Garnele (links) handelt es sich wahrscheinlich um eine Art aus der Gattung *Periclimenes*. Die ebenfalls nur ca. 1,5 cm kleine Anemonen-Garnele (rechts), die auf den Tentakeln einer Lederanemone *Heteractis crispa* sitzt, gehört, wie übrigens auch alle Arten der Gattung *Periclimenes*, innerhalb der Familie Palaemonidae zur Unterfamilie Pontoniinae.

These two shrimp species are standing in for a large number of species which currently cannot be identified on photos because those animals photographed are not available for scientific identification and their livery is an insufficient characteristic for accurate identification. The Black coral shrimp up to 1.5 cm (left) is probably a species of the *Periclimenes* genus. The Anemone shrimp approximately 1.5 cm (right), which sits on the tentacles of a Leathery sea anemone *(Heteractis crispa),* belongs, as do all species of the *Periclimenes* genus, to the sub-family Potoniinae (Palaemonidae family).

oben: Blasenkorallen-Garnele – Bubble coral shrimp – *Vir philippinensis*
unten links: unbest. Dörnchenkorallen-Garnele – unidentified black coral shrimp
unten rechts: unbestimmte Anemonen-Garnele – unidentified anemone shrimp

Garnelen Shrimps Decapoda

Harlekingarnele – Painted dancing shrimp – *Hymenocera picta*

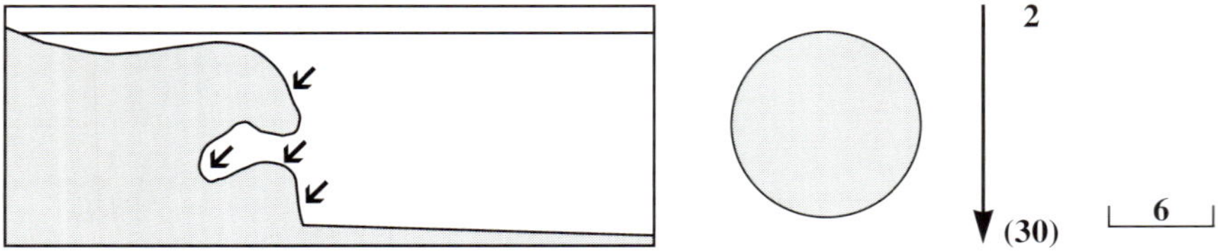

Harlekingarnelen (Familie Gnathophyllidae), die sehr versteckt leben, sind fast immer paarweise anzutreffen. Sie ernähren sich fast ausschließlich von Seesternen, die sie auf den Rücken werfen und dann fressen, und gehören zu den wenigen Wirbellosen, die ihren Lebenspartner individuell erkennen können.

Painted dancing shrimps (Gnathophyllidae family) live in deep hiding and can almost always be found in pairs. They eat almost exclusively starfish which they throw on their backs and eat. They belong to the few invertebrates which can recognise their partners individually.

Gemeine Tanzgarnele – Common hinge-beak shrimp – *Rhynchocinetes uritai*

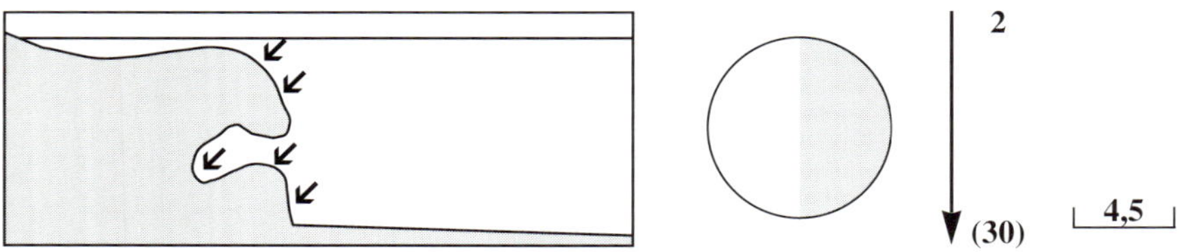

Die Gemeine Tanzgarnele (Familie Rhynchocinetidae), die auf den Malediven vergleichsweise selten zu sein scheint, lebt meist in Gruppen von 10 oder noch mehr Weibchen mit einem Männchen zusammen. Oft kann man auch Gruppen von mehr als 100 Tieren antreffen. Männchen besitzen deutlich größere Scherenbeine als Weibchen.

The common hinge-beak shrimp (Rhynchocinetidae family), which seems to be comparatively rare in the Maldives, lives mostly in groups of ten or more females with one male. One can often find groups of 100 or more animals. The males have larger pincer limbs than the females.

Harlekingarnele – Painted dancing shrimp – *Hymenocera picta*

Gemeine Tanzgarnele – Common hinge-beak shrimp – *Rhynchocinetes uritai*

Garnelen Shrimps Decapoda

Haarsterngarnelen, versch. Arten – Crinoid shrimps, different species

Mit der Bezeichnung „Haarsterngarnelen“ werden Garnelenarten aus verschiedenen Familien zusammengefaßt, die per Foto noch nicht bestimmt werden können. Die je nach Art nur ein bis wenige Zentimeter großen Garnelen leben stets auf Haarsternen, an die sie sich farblich perfekt anpassen und so einen besseren Schutz vor Freßfeinden genießen. Über die Biologie der Beziehung zwischen Garnelen und Haarsternen ist nur wenig bekannt. Wahrscheinlich ernähren sich die meisten Garnelenarten vom Körperschleim und von erbeuteter Nahrung ihrer Wirte. Diese Doppelseite zeigt einige verschiedene Vertreter.

With the name "crinoid shrimp", shrimp species of families which cannot be identified by photographs are summarised. These shrimps which are, depending on species, only a few centimetres in size, always live on crinoids to which they adapt perfectly in colour to be better protected against their predators. About the biology of the partnership between shrimps and crinoids very little is known. Most shrimp species probably eat the body mucus and share the prey of their hosts. This double page shows various species.

oben, unten und linke Seite: versch. unbest. Haarsterngarnelen –
different unidentified crinoid shrimps

Langusten-Verwandte Spiny and Slipper Lobsters Decapoda

Die Langusten-Verwandten werden mit allen anderen Zehnfußkrebsen außer den Garnelen als Panzerkrebse bezeichnet, weil sie in der Regel stärker gepanzert sind, wodurch sie bis auf wenige Ausnahmen nicht in der Lage sind zu schwimmen. Die Panzerkrebse kann man in fünf Großgruppen unterteilen, die sich äußerlich in ihrer Körperform deutlich unterscheiden. Die Langusten-Verwandten gehören wie die Hummer-Verwandten zu den größten und auffälligsten Zehnfußkrebsen. Bei ihnen handelt es sich zum Teil um große, massiv gepanzerte Arten mit einem langgestreckten Hinterleib. Die ersten drei Schreitbeinpaare tragen keine Scheren.

Except for shrimps, all decapods, spiny and slipper lobster are called "Armoured crustaceans" because they are usually more strongly armoured which prevents them, except in a few cases, from swimming. Armoured crustaceans can be sub-divided into five large classes which clearly differ externally in their body structure. Spiny and slipper lobsters as well as lobster belong to the largest and most conspicuous decapods. They are sometimes large, solidly armoured species with an elongated abdomen. The first three pairs of walking legs have no claws.

Weißgepunktete Languste – White spotted lobster – *Panulirus jenicillatus*

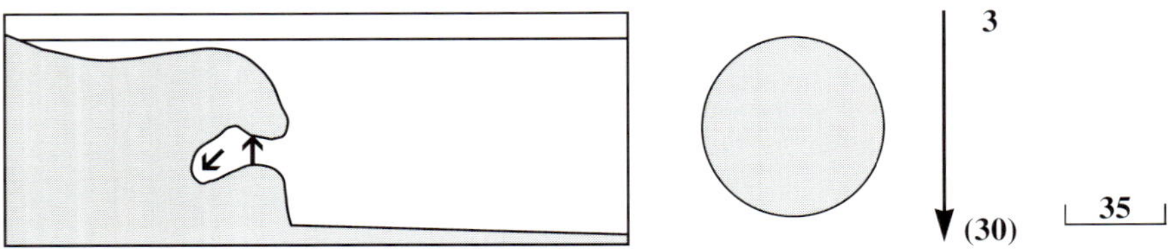

Langusten (Familie Palinuridae) verbringen den Tag meist in Gruppen tief in Spalten und Höhlen zurückgezogen. Erst nachts begeben sie sich auf die Suche nach Nahrung, die aus Aas sowie Schnecken und Muscheln besteht, die sie trotz der fehlenden Scheren aufbrechen können.

Spiny lobsters (Palinuridae family) live during the day mostly in groups and hide in deep crevices and caves. Only at night do they search for food consisting of 'carrion', snails and bivalves which they can break open despite the fact that they have no claws.

Weißgepunktete Languste – White spotted lobster – *Panulirus jenicillatus*

Langusten-Verwandte Spiny and Slipper Lobsters
Decapoda

Schmuck-Languste – Painted rock lobster – *Panulirus versicolor*

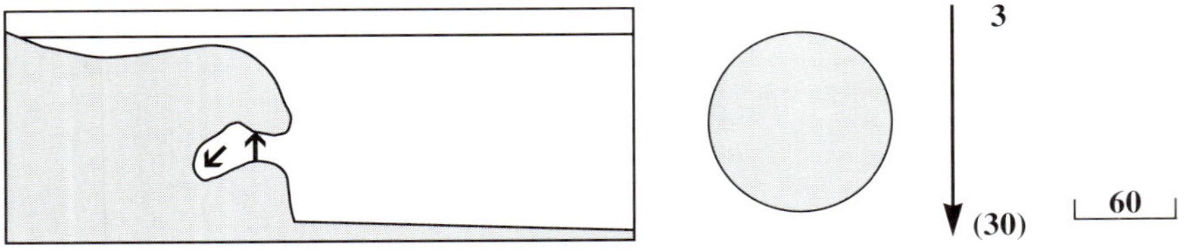

Das zweite Antennenpaar von Langusten ist mehr als körperlang. Durch ruckartiges Einklappen ihres Schwanzfächers zum Bauch können sie blitzschnell kurze Strecken rückwärts schwimmen. Durch das Aneinanderreiben der Antennenglieder können Langusten knarrende und kratzende Geräusche erzeugen.

The second antennae pair of spiny lobster is longer than its body. Through a jerky folding up of its tail fan towards the abdomen it can swim quickly backwards for short distances. By the rubbing together of antennae, spiny lobster can generate rasping and grating noises.

Bärtiger Bärenkrebs – Slipper lobster – *Parribacus caledonicus*

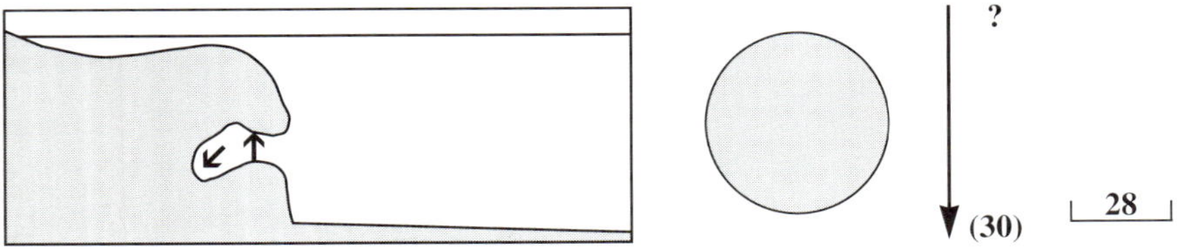

Bärenkrebse (Familie Scyllaridae) sind auf den Malediven wesentlich seltener als Langusten. Ihr zweites Antennenpaar ist sehr stark verkürzt und schildartig verbreitert. Mit seiner Hilfe sollen sich die Tiere in Sand und Schlick einwühlen können. Über die Biologie der Bärenkrebse ist nur wenig bekannt.

Slipper lobsters (Scyllaridae family) are much rarer on the Maldives than spiny lobster. Their second pair of antennae is strongly reduced and shield-shaped. Apparently, the animals burrow themselves with their aid into the seabed. As to the biology of slipper lobsters, little is known.

Schmuck-Languste – Painted rock lobster – *Panulirus versicolor*

Bärtiger Bärenkrebs – Slipper lobster – *Parribacus caledonicus*

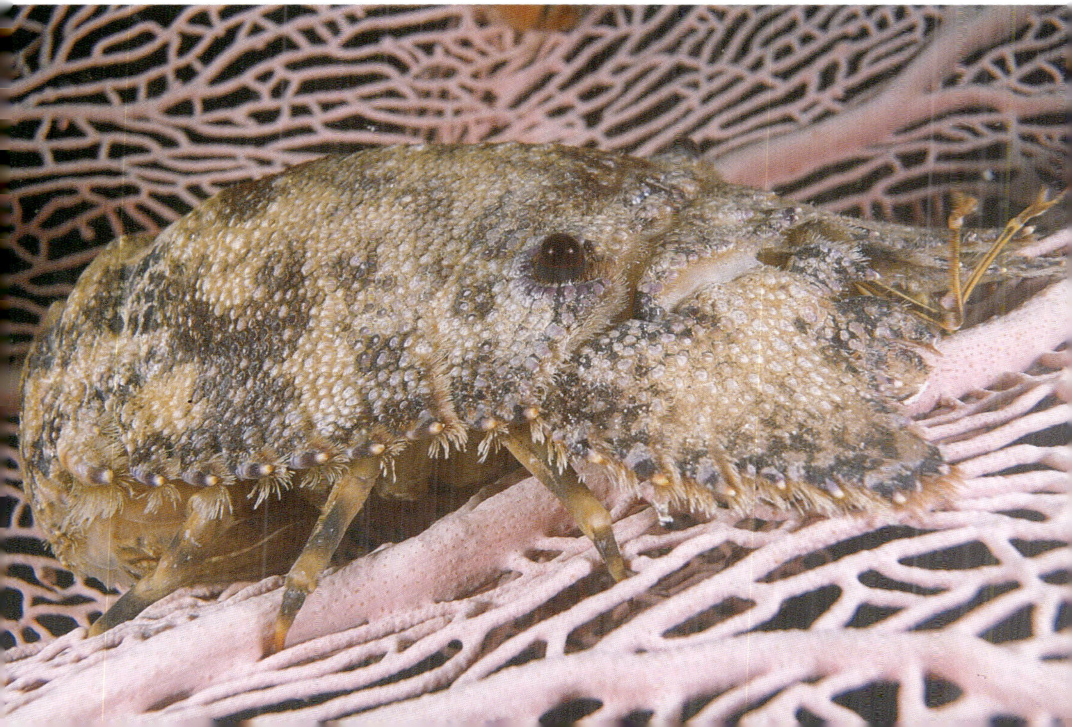

Hummer-Verwandte Lobsters Decapoda

Die Hummer-Verwandten unterscheiden sich von den Langusten-Verwandten unter anderem ganz deutlich durch den Besitz von großen, kräftigen Scheren am ersten Schreitbeinpaar, die meist mehr als ein Drittel der Gesamtkörperlänge erreichen. Bei den selten mehr als 15 cm großen tropischen Riffhummern aus der Gattung *Enoplometopus* wird mit ihrer Hilfe die Nahrung ergriffen, festgehalten und zu den Mundwerkzeugen geführt.

Amongst other differences, lobsters clearly differ from spiny and slipper lobsters in the large, powerful claws at their first pair of walking legs which usually reach a size of one third of their body length. The tropical reef lobsters rarely over 15 cm long of the *Enoplometopus* genus use these claws to catch and hold food which is then brought to the mouth parts.

Roter Riffhummer – Red reef lobster – *Enoplometopus occidentalis*

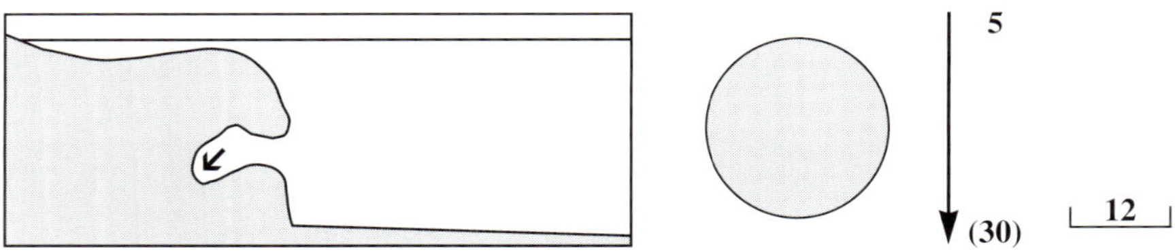

Riffhummer aus der Gattung *Enoplometopus* leben ausgesprochen versteckt und verziehen sich tagsüber in die tiefsten Spalten und die hintersten Winkel von Höhlen, wodurch sie fast ausschließlich nur nachts zu entdecken sind. Hat man erst einmal ein Exemplar bzw. ein Pärchen entdeckt, kann man die standorttreuen Tiere immer wieder an der betreffenden Stelle wiederfinden (vorausgesetzt, sie werden nicht gestört!). Diese Art, die auch als Hawaii-Riffhummer bezeichnet wird, gilt als die am weitesten verbreitete Riffhummerart.

Reef lobsters of the *Enoplometopus* genus live in deep hiding and live during the day in the deepest crevices and deepest parts of caves. They can therefore mostly be found at night. If one discovers a species or pair one can always find these animals at the same location (as long as they are not disturbed!). This species, also called Hawaii reef lobster, is regarded as the most widespread lobster species.

Roter Riffhummer – Red reef lobster – *Enoplometopus occidentalis*

Hummer-Verwandte Lobsters Decapoda

Orange-violetter Riffhummer – Orange-violet reef lobster – *Enoplometopus daumi*

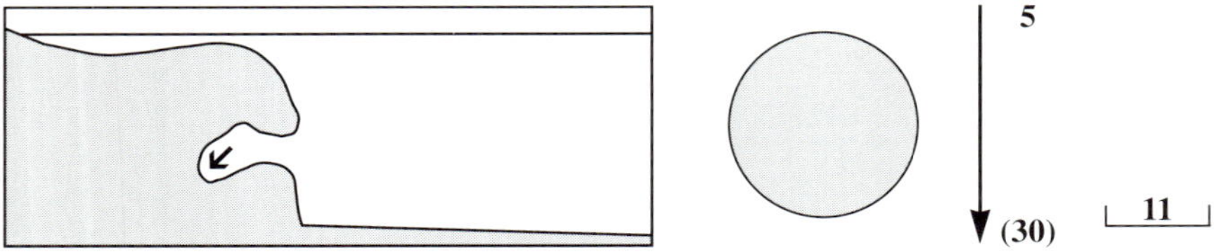

Aufgrund ihrer ausgesprochen versteckten Lebensweise werden Riffhummer nur sehr selten entdeckt, obwohl sie bei Nachttauchgängen gar nicht so selten sind. Allerdings sind sie recht scheu und ziehen sich bei zu hellem Licht schnell wieder tief in ihren Unterschlupf zurück.

Because of their very withdrawn way of life, reef lobsters are rarely found during nocturnal diving excursions despite the fact that they are relatively common. They are very shy and, if exposed to brilliant light, retreat quickly, deep into their hiding places.

Rotweißer Riffhummer – Red-white reef lobster – *Enoplometopus voigtmanni*

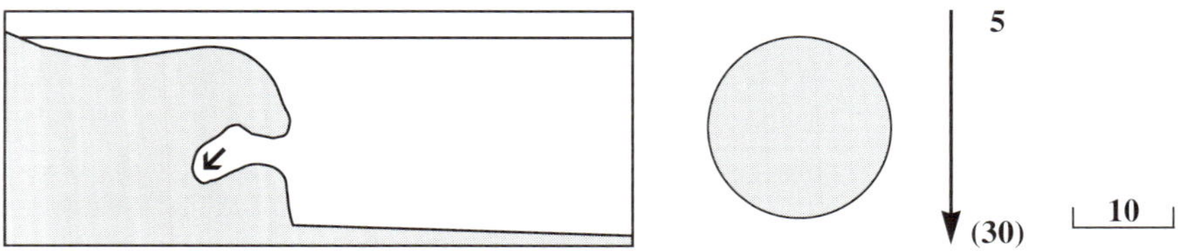

Diese attraktive Art wurde erst 1989 erstmalig beschrieben und ist bisher nur von einigen Fundorten im Ari-Atoll und im Nord-Male-Atoll auf den Malediven bekannt. Vermutlich kommt sie auch bei Sri Lanka vor.

This attractive species was only described in 1989 and has as yet only been found in a few places of the Maldivian Ari Atoll and North Male Atoll. It can probably be found in Sri Lanka.

Orange-violetter Riffhummer – Orange-violet reef lobster – *Enoplometopus daumi*

Rotweißer Riffhummer – Red-white reef lobster – *Enoplometopus voigtmanni*

Krabben True Crabs Decapoda

Bei den Krabben, der dritten Panzerkrebsgruppe, ist der Hinterleib sehr klein und stark reduziert und wird direkt unter die Brust geschlagen getragen. Außerdem ist der Körper der Krabben meist deutlich abgeflacht. Ihr erstes Schreitbeinpaar ist mit mehr oder weniger kräftigen Scheren ausgestattet, die neben der Nahrungsaufnahme auch der Verteidigung dienen. Mit den restlichen vier Beinpaaren können Krabben schnell seitwärts laufen. Viele Arten sind vergleichsweise klein und leben versteckt, weshalb sie oft übersehen werden.
In True Crabs, the third group of Crawlers, the abdomen is tucked under the thorax and strongly reduced. In addition, the body of true crabs is generally clearly flattened. The first pair of walking legs has more or less strong claws which are, besides being used for the intake of food, also used for defence. With their remaining four pairs of legs, true crabs can run quickly sideways. Many species are comparatively small, withdrawn and are therefore often overlooked.

Gorgonien-Seespinne – Gorgonian spider crab – *Xenocarcinus sp.*
unbestimmte Seespinne – unidentified spider crab

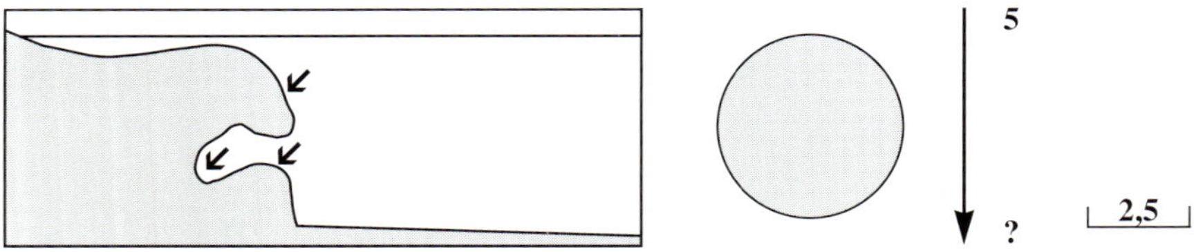

Seespinnen (Familie Majidae) zeichnen sich durch einen dreieckigen Körper aus. Bei vielen Arten ist die Körperoberfläche so sehr bewachsen, daß die Tiere in ihrem Lebensraum nur sehr schwer zu entdecken sind, wie die nicht näher bestimmte Art auf dem Insert eindrucksvoll zeigt.
Die Gorgonien-Seespinne (großes Foto) ist in ihrer Lebensweise, ihrer Färbung und ihrem Körperbau hervorragend an das Leben auf Gorgonien angepaßt.
Spider crabs (Majidae family) are characterised by their triangular body. The body surface of many species is encrusted to such an extent that they are difficult to discover as shown impressively by the unidentified species on the insert.
The Gorgonian spider crab (large photo) has adapted very well in its way of life, colour and body structure to its life on gorgonians.

Gorgonien-Seespinne – Gorgonian spider crab – *Xenocarcinus sp.*
Insert: unbestimmte Seespinne – unidentified spider crab

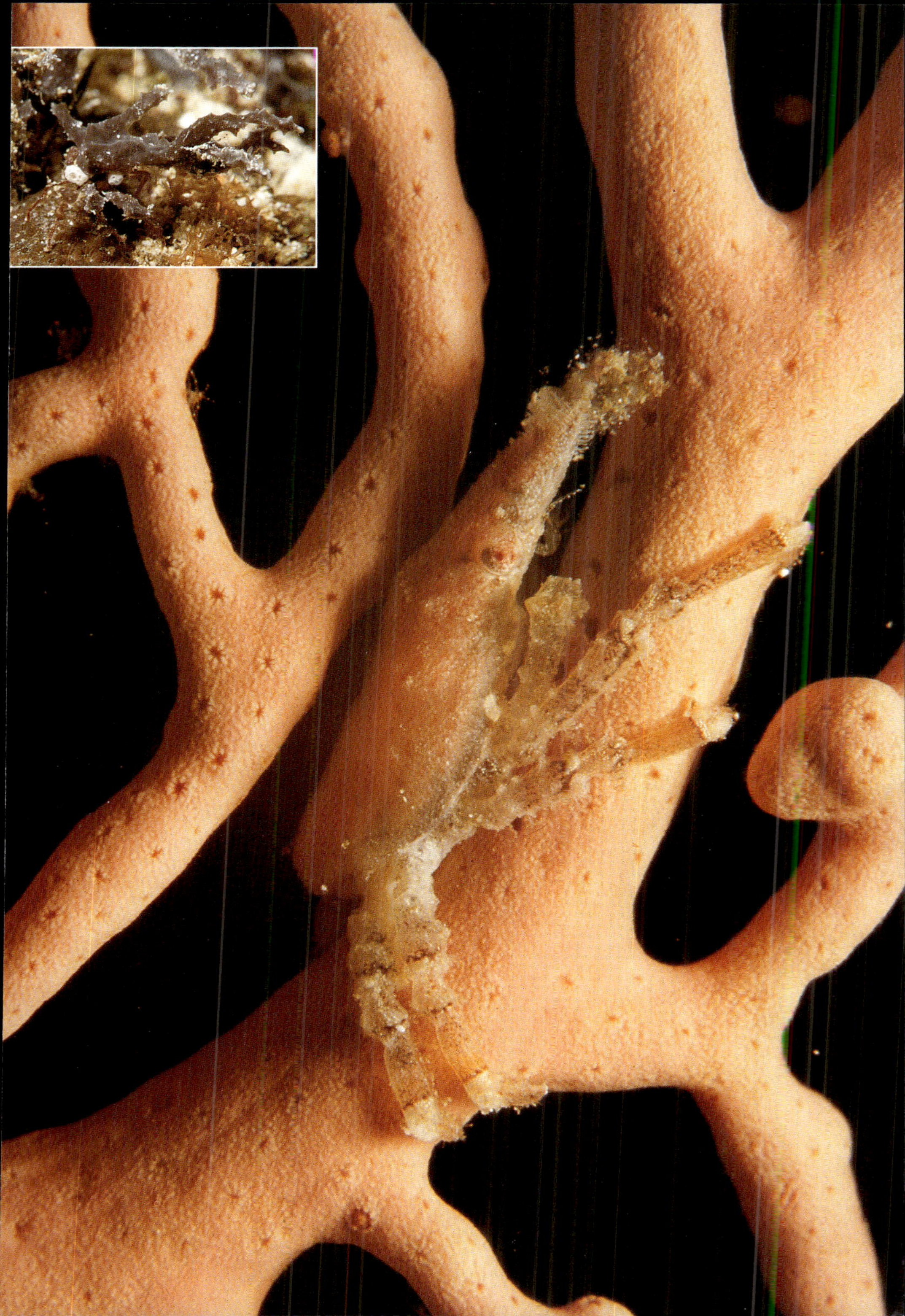

Krabben True Crabs Decapoda

Weichkorallen-Seespinne – Soft coral spider crab – *Hoplophris sp.*

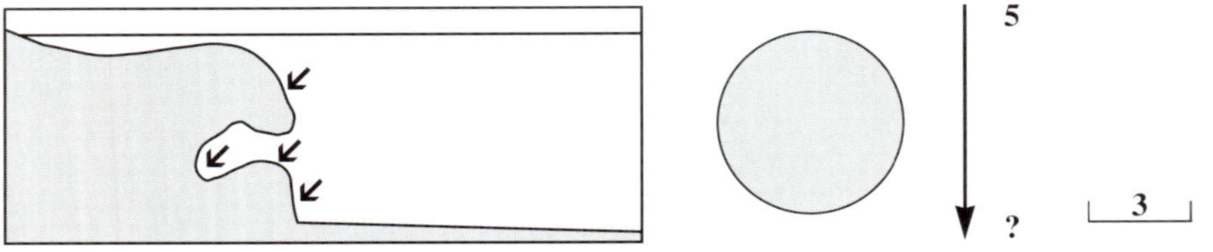

Aufgrund ihrer geringen Größe und der guten Tarnung wird die Weichkorallen-Seespinne meist übersehen, obwohl sie stellenweise relativ häufig vorkommen kann. Sie konnte nur auf Exemplaren der Knotigen Weichkoralle *Nephthya sp.* beobachtet werden.

Due to its small size and good camouflage, the soft coral spider crab is generally overlooked but can, in certain locations, be quite common. It was only observed on species of the Notty soft coral *(Nephthya sp).*

Langhorn-Gorgonien-Seespinne – Gorgonian spider crab – *Hyastenus sp.*

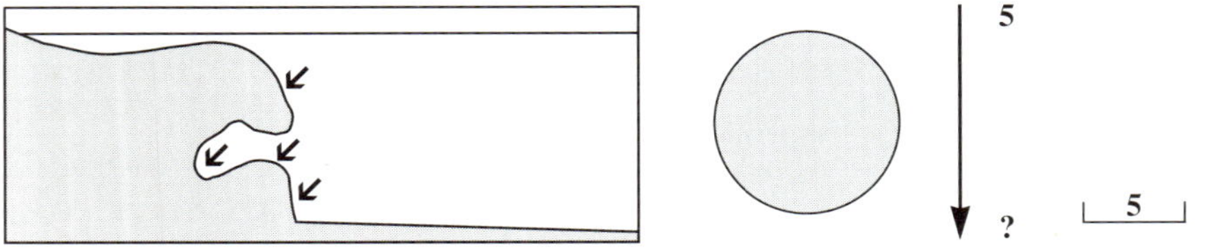

Die Langhorn-Gorgonien-Seespinne unterscheidet sich deutlich durch ihre zwei mehr als körperlangen, hornartigen Fortsätze an der Vorderseite des Kopfes von den beiden vorangegangenen Arten. Alle vier abgebildeten Arten besitzen, wie fast alle Seespinnen, vergleichsweise kleine Scheren.

The gorgonian spider crab differs clearly from both the above species in its two horny processes at the front of its head which are longer than its body length. All four species depicted have, like almost all sea spiders, comparatively small claws.

Weichkorallen-Seespinne – Soft coral spider crab – *Hoplophris sp.*

Langhorn-Gorgonien-Seespinne – Gorgonian spider crab – *Hyastenus sp.*

Krabben True Crabs Decapoda

Schwamm-Wollkrabbe (unbest. Art) – Sponge crab (unidentified species)

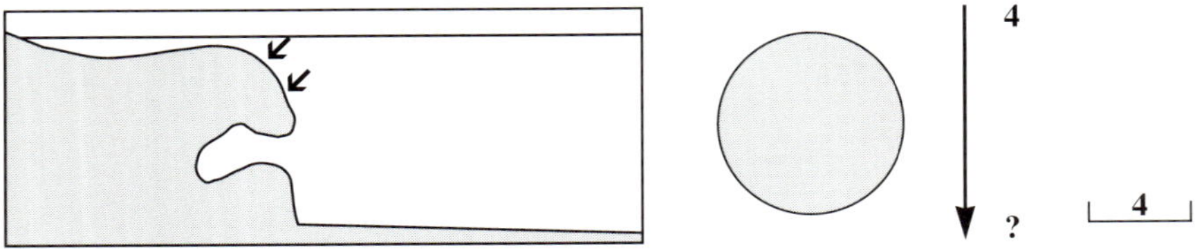

Wollkrabben (Familie Dromiidae) tarnen sich häufig mit einem „Hut“, der aus Schwämmen, koloniebildenden Seescheiden, Krustenanemonen oder ähnlichem besteht. Durch diese unfreiwilligen Partner, die sie mit dem umgewandelten 4. und 5. Beinpaar auf dem Rücken festhalten, genießen sie einen größeren Schutz vor Freßfeinden.

Sponge crabs (Dromiidae family) often camouflage themselves with a "hat" which consists of sponges, colonial sea squirts, zoanthids or similar organisms. Because of these "forced" partners, which are held on its back with the 4th and 5th converted pair of legs, sponge crabs are better protected against predators.

Weiße Schwimmkrabbe – White swimmer crab – *Charybdis sp.*
Rotbraune Schwimmkrabbe – Red-brown swimmer crab – *Portunus sp.*

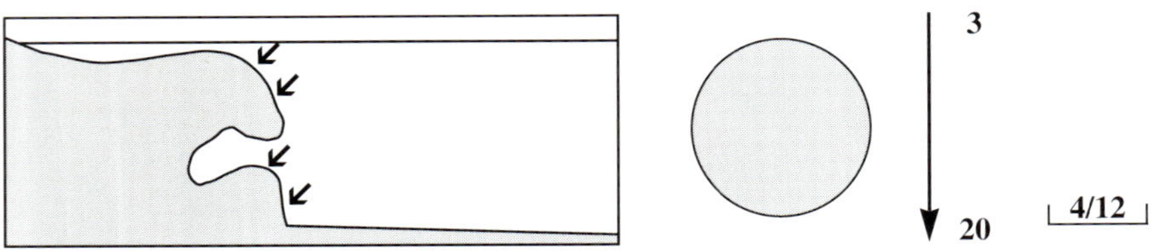

Schwimmkrabben (Familie Portunidae) besitzen meist an der breitesten Stelle ihres Panzers je einen langen seitlich abstehenden Stachel und können mit Hilfe ihres paddelförmigen 5. Beinpaares sehr gut schwimmen. Sie leben räuberisch und können sogar schnell schwimmende Garnelen und Fische erbeuten.

On the wider part of their armour, swimmer crabs (Portunidae family) mostly have two long spines extending to the side and can swim well with the aid of this peddle-like 5th pair of legs. They are predators and can even catch fast-swimming shrimps and fish.

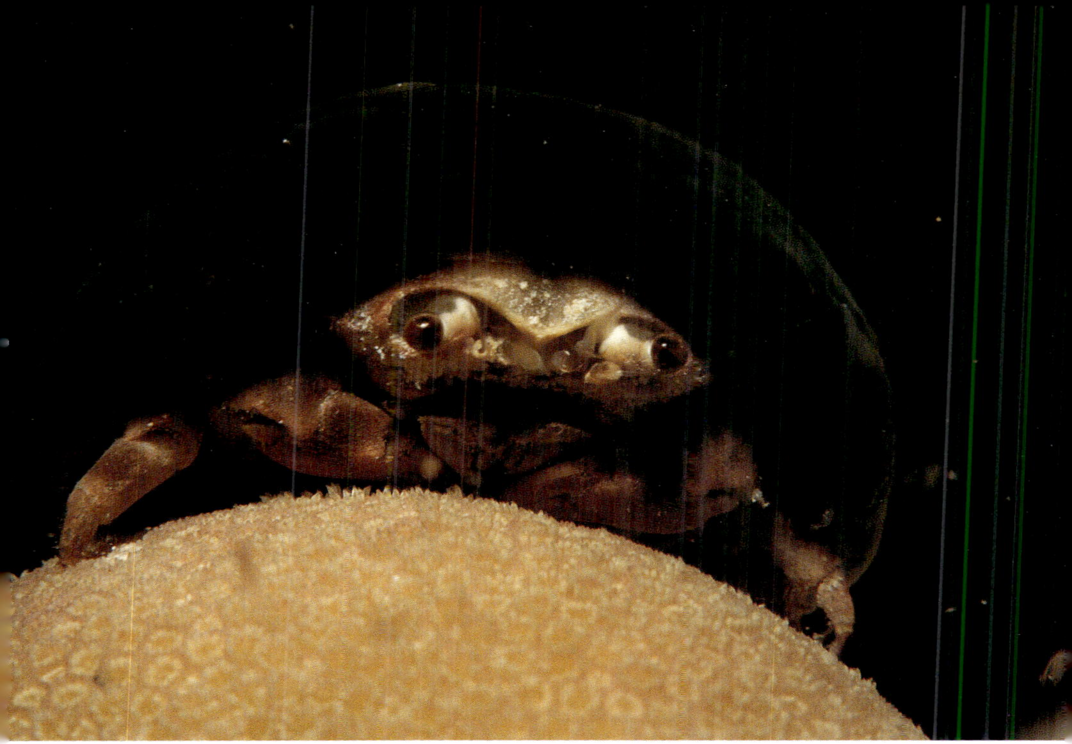

oben: Schwamm-Wollkrabbe (unbest. Art) – Sponge crab (unidentified species)
unten: Weiße Schwimmkrabbe – White swimmer crab – *Charybdis sp.*
Insert: Rotbraune Schwimmkrabbe – Red-brown swimmer crab – *Portunus sp.*

Krabben True Crabs Decapoda

Trapezkrabbe – Trapeze crab – *Trapezia sp.*

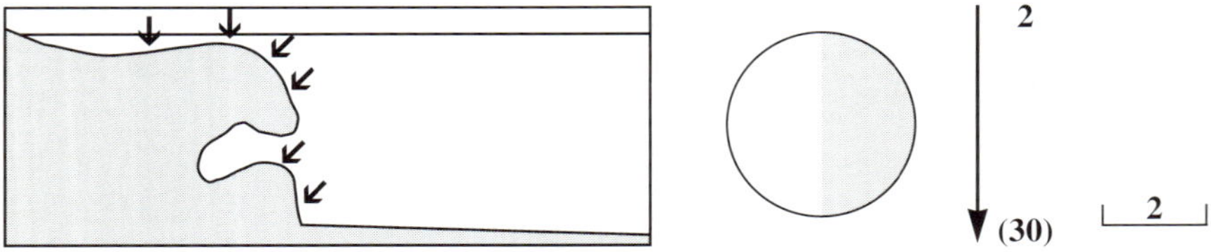

Trapezkrabben, von denen es ca. 13 Arten gibt, leben stets zwischen den Ästen von verzweigten Korallenstöcken und ernähren sich vom Schleim der Korallen, von abgelagertem Detritus und anderem organischen Material. Sie treten meist paarweise auf, wobei größere Korallenstöcke von mehreren Paaren bewohnt werden können.

Trapeze crabs include approximately 13 species, always live between the branches of branched-off coral colonies and eat the slime of corals, settled detritus and other organic material. They are mostly found in pairs whilst large coral colonies can be settled by several pairs.

Prächtige Riffkrabbe – Splendid reef crab – *Etisus splendidus*

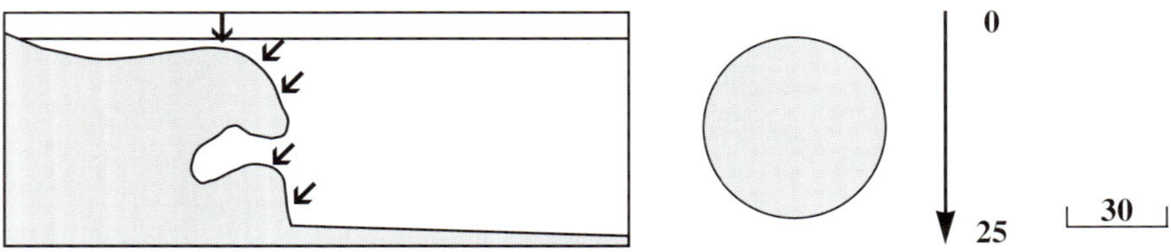

Die Prächtige Riffkrabbe, die wie die Trapezkrabbe zur Familie Xanthidae gehört, ist sehr scheu und verbringt den Tag versteckt in Spalten und Löchern im Gewirr der Korallen. Nur bei völliger Dunkelheit kommt sie ins Freie. Sie ernährt sich von Algen. Die Art soll bei Verzehr giftig sein.

The splendid reef crab, which belongs like the trapeze crab to the Xanthidae family, is very shy and hides during the day in the crevices and holes of corals. It appears only during complete darkness and eats algae. This species is allegedly very poisonous when eaten.

Trapezkrabbe – Trapeze crab – *Trapezia sp.*

Prächtige Riffkrabbe – Splendid reef crab – *Etisus splendidus*

Einsiedlerkrebse **Hermit Crabs** **Decapoda**

Einsiedlerkrebse besitzen einen weichhäutigen, spiralig gewundenen Hinterleib, den die meisten Arten in leeren Schneckenhäusern oder ähnlichem verbergen. Alle sechs vorgestellten Arten gehören zur Familie Diogenidae, bei deren Vertretern die linke Schere meist deutlich größer ist als die rechte.

Hermit crabs have a soft-skinned, spiral abdomen which most species hide in empty snail-shells or other shells. Most species depicted belong to the Diogenidae family whose left hand claw is usually clearly larger than the right hand one.

Großer Schuppen-Einsiedlerkrebs – Big hermit crab – *Aniculus maximus*

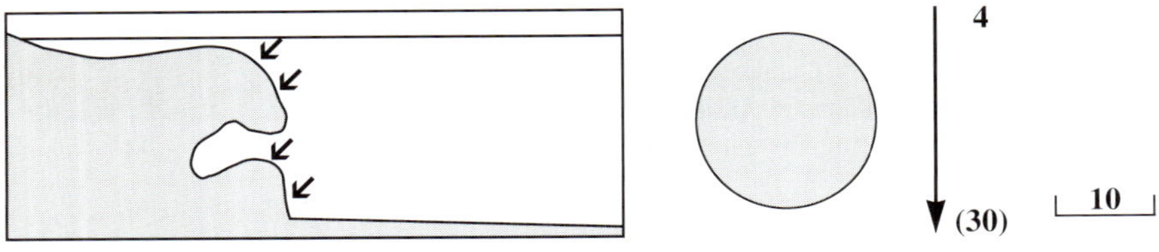

Die Art ist wie die meisten Vertreter der Familie ein Allesfresser, dessen Nahrungspalette von Algen bis Aas reicht.

This species is, like most representatives of this family, an omnivore whose food includes algae and "carrion".

Blaufleck-Einsiedlerkrebs – Blue spot hermit crab – *Dardanus guttatus*

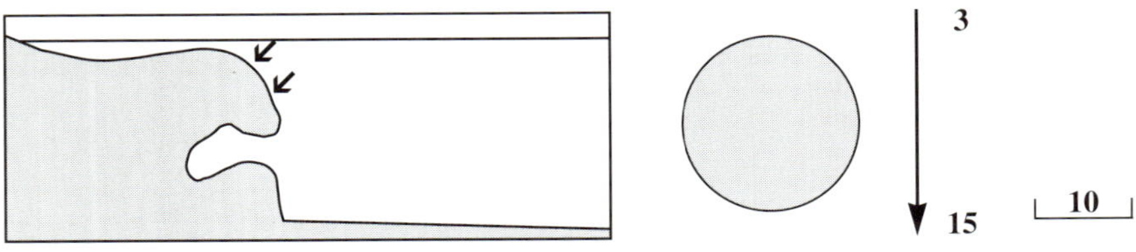

Der Blaufleck-Einsiedlerkrebs, hier in der Schale einer Spinnenschnecke aus der Gattung *Lambis*, gehört eher zu den selteneren Arten auf den Malediven.

The blue spot hermit crab, depicted here in the shell of a Spider conch of the *Lambis* genus, belongs to the species which is rarer in the Maldives.

Großer Schuppen-Einsiedlerkrebs – Big hermit crab – *Aniculus maximus*

Blaufleck-Einsiedlerkrebs – Blue spot hermit crab – *Dardanus guttatus*

Einsiedlerkrebse Hermit Crabs Decapoda

Riff-Einsiedlerkrebs – Reef hermit crab – *Dardanus lagopodes*

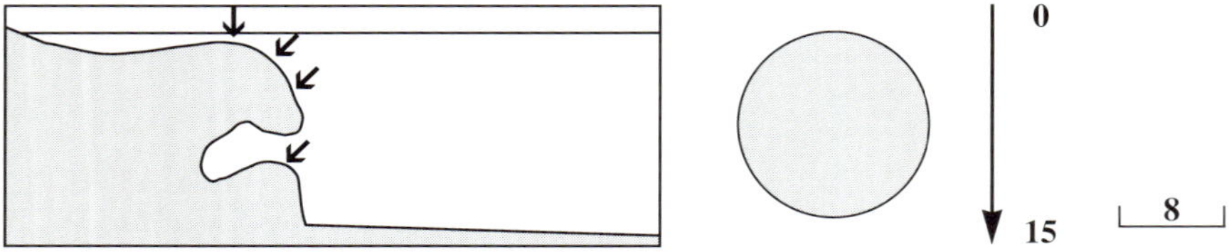

Der Riff-Einsiedlerkrebs ist an seinen hellen Augenstielen und den blauen Antennen leicht zu erkennen. Bei ihm stellen Algen einen wichtigen Bestandteil seines Speiseplanes dar.

The reef hermit crab can easily be identified by its pale stalked eyes and blue antennae. Algae are an important component of its diet.

Weißpunkt-Einsiedlerkrebs – White spotted hermit crab – *Dardanus megistos*

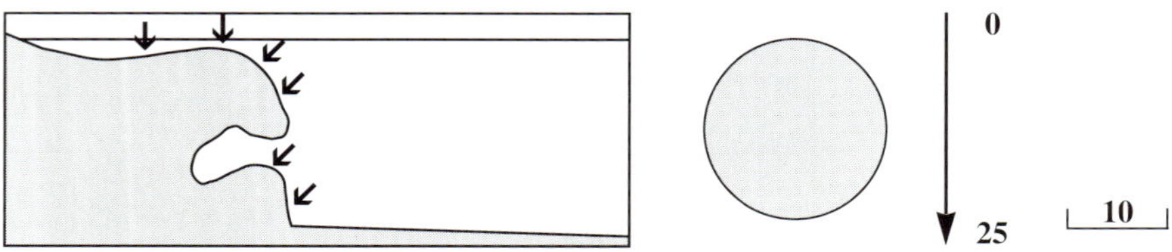

Der auffällig gefärbte Weißpunkt-Einsiedlerkrebs, der laut Literatur in Einzelfällen sogar bis 25 cm groß werden soll, beherbergt in seinem Schneckenhaus gelegentlich eine winzige, rotweiß gefärbte Garnele als Kommensale. Er lebt vor allem räuberisch, verschmäht aber auch Aas und anderes abgestorbenes organisches Material nicht.

The conspicuously coloured white spotted hermit crab, which, according to literature, can reach a size of up to 25 cm in some cases, sometimes hosts in its shell small, red-white coloured shrimps as commensals. It is mostly predatory but does not refuse "carrion" and other dead organic material.

Riff-Einsiedlerkrebs – Reef hermit crab – *Dardanus lagopodes*

Weißpunkt-Einsiedlerkrebs – White spottet hermit crab – *Dardanus megistos*

Einsiedlerkrebse Hermit Crabs Decapoda

Schmarotzerrosen-Einsiedlerkrebs – Parasit anemone hermit crab – *Dardanus pedunculatus*

Diese Art ist fast immer mit mehreren Schmarotzerrosen *Calliactis parasitica* auf ihrem Schneckenhaus anzutreffen. Anders als der Name der Anemone vermuten läßt, handelt es sich bei dieser Lebensgemeinschaft um eine Symbiose, die beiden Partnern eindeutige Vorteile bietet.

Several Parasitic anemones *(Calliactis parasitica)* can nearly always be found on the shell of this species. In contrast to the name of the anemone, this biocoenosis is a symbiosis because both partners clearly have advantages.

Gestreifter Einsiedlerkrebs – Striped hermit crab – *Trizopagurus strigatus*

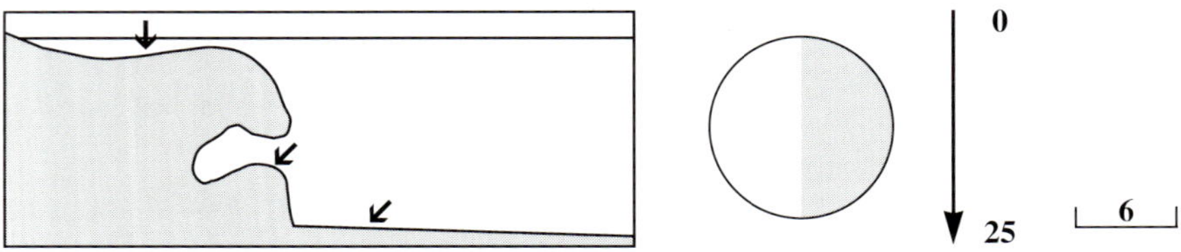

Der Gestreifte Einsiedlerkrebs bewohnt ausschließlich die Gehäuse von Kegelschnecken (Conidae). In Anpassung an deren schmale Öffnung besitzt er einen extrem abgeflachten Körper und hat sich somit eine Nische erschlossen, die den meisten anderen Einsiedlerkrebsarten „zu schmal“ ist.

The striped hermit crab lives entirely in the shells of Cone shells (Conidae). To adapt to the narrow opening, it has an extremely flat body and has therefore found a niche which is too "narrow" for most other hermit crabs.

Schmarotzerrosen-Einsiedlerkrebs – Parasit anemone hermit crab – *Dardanus pedunculatus*
Gestreifter Einsiedlerkrebs – Striped hermit crab – *Trizopagurus strigatus*

Springkrebse Squat Lobsters Decapoda

Bei den Springkrebsen, der fünften Panzerkrebsgruppe, ist der Hinterleib je nach Art unterschiedlich stark reduziert und stets stark bauchseits gekrümmt. Er wird auch immer unter den Bauch eingeschlagen getragen.
Depending on species, the abdomen of squat lobsters, the fifth group of Crawlers, is differently reduced and always strongly inclined towards the abdomen. It is always tucked under the thorax.

Haarstern-Springkrebs – Elegant squat lobster – *Allogalathea elegans*

Die nur 1–2 cm großen Haarstern-Springkrebse gehören zur Familie Galatheidae, deren Arten sich durch ein langgestrecktes, scherentragendes erstes sowie drei weitere scherenlose Schreitbeinpaare auszeichnen. Ihr fünftes Beinpaar ist stark abgewandelt, trägt eine kleine Schere und befindet sich in der Kiemenhöhle, wo es für die Kiemenpflege eingesetzt wird.
Haarstern-Springkrebse leben stets einzeln oder paarweise zwischen den Armen von verschiedenen Haarsternen, wo sie einen guten Schutz vor Freßfeinden genießen. Entsprechend der nächtlichen Lebensweise ihrer Wirte sind auch sie meist nachts zu beobachten. Ihre Färbung können sie der ihres jeweiligen Wirtes perfekt anpassen, so daß sie nur schwer zu entdecken sind. Genau wie bei den Haarsterngarnelen ist über die Biologie dieser Lebensgemeinschaft nur sehr wenig bekannt. Wahrscheinlich ernähren sie sich vom Körperschleim und von erbeutetem Plankton ihrer unfreiwilligen Wirte, was bei diesen allerdings aufgrund der geringen Größe ihrer Untermieter kaum Schaden anrichten dürfte.
The elegant squat lobsters, only 1–2 cm in size belong to the Galatheidae family whose species are characterised by a elongated, claw-tipped first and three further clawless pairs of walking legs. Its fifth pair of legs is differs greatly, carries a small claw and is located at the side of the gill cavity where it is used for cleaning the gills.
Elegant squat lobsters always live singly or in pairs between the arms of crinoids where they are protected against predators. They can, in accordance to their host's nocturnal way of life, mostly be observed at night. They can adapt their colour perfectly to their host and are therefore difficult to discover. As with Crinoid shrimps, very little is known about the biology of this biocoenosis. They probably eat the body slime and caught plankton of their involuntary hosts which, because of the small size of their lodgers, should lead to no harm for the crinoid.

Haarstern-Springkrebs – Elegant squat lobster – *Allogalathea elegans*

Springkrebse Squat Lobsters Decapoda

Seefeder-Porzellankrebs – Sea-pen porcellanid crab – *Polyonix sp.*

Porzellankrebse (Familie Porcellanidae) ernähren sich von Plankton, das sie mit ihren großen fächerförmigen Mundwerkzeugen aus dem Wasser fischen. Die Art konnte nur auf der Höhlen-Seefeder *Pteroeidida sp.* beobachtet werden.

Sea-pen porcelained crabs (Porcellanidae family) eat plankton which they catch with their fan-like mouth parts from the water. This species was only observed on the Cave sea-pen *(Pteroeidida sp).*

Gefleckter Anemonen-Porzellankrebs – Spotted porcellanid crab – *Neopetrolistes maculatus*

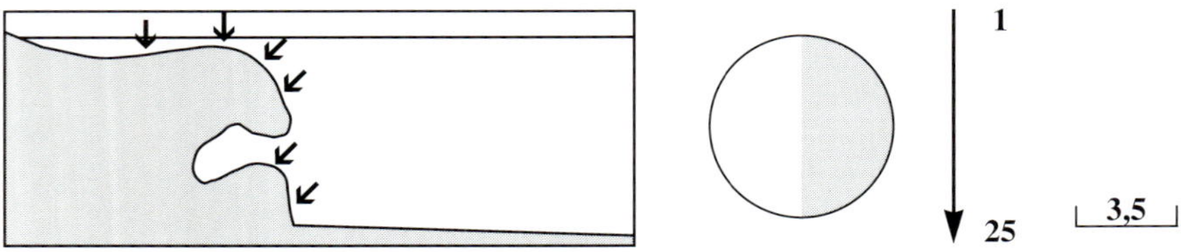

Der Gefleckte Anemonen-Porzellankrebs lebt meist paarweise auf Anemonen der Gattungen *Heteractis*, *Stichodactyla*, u. a. m. (siehe auch S. 52 Noppenrand-Anemone *Cryptodendrum adhaesivum*). Oft teilt ein Paar „seine“ Anemone mit Anemonenfischen aus der Gattung *Amphiprion* oder seltener auch mit verschiedenen Partnergarnelen. Auf Seite 53 kann man sehr gut die fächerförmigen Mundwerkzeuge beim Planktonfang erkennen.

The spotted porcelained crab lives mostly in pairs on anemones of the *Heteractis, Stichadactyla* etc. genera (read also page 52 Adhesive sea anemone – *Cryptodendrum adhesivum).* A pair often shares "its" anemone also with Anemone fish of the *Amphiprion* genus. On page 53 one can see well the fan-shaped mouth parts in use in the catching of plankton.

Seefeder-Porzellankrebs – Sea-pen porcellanid crab – *Polyonix sp.*
Gefleckter Anemonen-Porzellankrebs – Spottet porcellanid crab – *Neopetrolistes maculatus*

STACHELHÄUTER ECHINODERMS ECHINODERMATA

Stachelhäuter stellen weltweit mit ungefähr 6.000 Arten einen rein marinen Tierstamm dar, dessen Vertreter sich auf 5 Klassen verteilen und in 3 verschiedenen Erscheinungsformen auftreten: die mehr oder weniger halbkugeligen Seeigel, die walzenförmigen Seegurken oder Seewalzen und die sternförmigen Seesterne, Schlangensterne und Haarsterne und Seelilien. Die namensgebenden Stacheln sind nur noch bei den Seeigeln voll ausgebildet, während sie bei den Seesternen und den Schlangensternen deutlich kleiner bzw. verkümmert sind und bei den restlichen beiden Klassen vollständig fehlen. Allen gemeinsam sind jedoch 3 Eigenschaften, die sie untereinander verbinden und von allen anderen Tiergruppen abgrenzen:
Als erstes fällt bei den meisten Vertretern die fünfstrahlige, radiäre Körpersymmetrie auf, bei der man nicht zwischen Vorder- und Hinterende unterscheiden kann.
Ein weiteres gemeinsames Merkmal ist der Besitz eines Innenskeletts in Form von kleinen Kalkplättchen. Diese können wie bei den Seegurken zerstreut in der Haut liegen oder zu größeren Platten zusammengewachsen sein. Bei den Seeigeln sind diese größeren Platten zu einer starren Schale zusammengewachsen, während sie bei den Haar-, Schlangen- und Seesternen beweglich aneinandergrenzen. Die eingangs erwähnten Stacheln gehören ebenfalls zum Skelett.
Das dritte gemeinsame Merkmal der Stachelhäuter ist ein im Tierreich einzigartiges Gefäßsystem im Körperinneren: das Ambulacralsystem. Es steht über die sogenannte Madreporenplatte mit der Umgebung, dem Meerwasser, in Verbindung. Äußerlich sichtbarer Teil dieses Systems sind die Ambulacralfüßchen, die je nach Art mit Saugnäpfen ausgestattet sein können. Das gesamte Ambulacralsystem kann neben seiner Hauptaufgabe, der Fortbewegung, auch dem Festhalten von Objekten der Ernährung, der Atmung und der Sinneswahrnehmung dienen. Die meisten Stachelhäuter sind getrenntgeschlechtlich, nur bei den Seegurken und den Schlangensternen kommen Zwitter vor.
Die meisten Arten geben ihre Eier bzw. Samenzellen einfach ins freie Wasser ab, wo es dann zu einer Befruchtung kommt. Die sich daraus entwickelnde bilateral-symmetrische Larve treibt eine Zeitlang im Plankton, bevor sie zum Bodenleben übergeht und sich zum radiär-symmetrischen Stachelhäuter umwandelt. Bei manchen Arten gibt es Brutfürsorge, indem die Eier bis zum Schlupf der Larven beim Muttertier bleiben und versorgt werden.

With approximately 6,000 species, Echinoderms are a purely marine phylum whose representatives are sub-divided into five classes and occur in three different manifestations: the globular or discoid Sea urchins, the roller-shaped Sea cucumbers or Sea rollers and the star-shaped Starfish, Brittle stars, Crinoids and Sea lilies. The spines are only fully developed in sea urchins whilst they are clearly smaller or curved in starfish and crinoids and missing entirely in the remaining classes. But all have three common characteristics which connect them together and distinguish them from other animal classes: Firstly, the conspicuous five-rayed, radial (pentamorous) body symmetry which makes it impossible to distinguish front and rear.

Another common characteristic is the internal skeleton in the form of small calcareous ossicles. It can, as with sea cucumbers, be scattered throughout the skin or fused to form a rigid shell. In sea urchins, these larger plates are fused into a solid shell whereas it is a flexible line with crinoids, brittle stars and starfish.

The above mentioned spines are also part of the skeleton. The third common characteristic of echinoderms is an internal vessel system unique in the animal kingdom: the water vascular system. Via the so-called Madrepore plates it is connected to the surrounding environment, the sea water. The external, visible part of the system is formed by the tubular feet which, depending on the species, can have suckers. Besides its main task, locomotion, the entire water vascular system can also be used for holding food, respiration and sensual perception. Most echinoderms differ in sex; only sea cucumbers and brittle stars can be hermaphrodites.

Most species simply release their eggs or sperm cells into the open water where fertilisation takes place.The developing bilateral-symmetric larva then floats for some time in the plankton before it transfers to a benthic life and converts to a radially-symmetrical echinoderm. Some species care for their offspring because the eggs remain with the mother animal and are cared for until they hatch.

HAARSTERNE CRINOIDS CRINOIDEA

Haarsterne, die oft auch als Federsterne bezeichnet werden und mit ca. 620 Arten überwiegend in tropischen Meeren vertreten sind, sind die ursprünglichste und älteste Stachelhäuter-Klasse. Sie besitzen einen kleinen, fünfeckigen Körper, der am Rand mit zehn bis mehr als hundert gefiederten Armen ausgestattet ist. Eigentlich handelt es sich wie bei See- und Schlangensternen um nur fünf oder zehn Arme, die aber direkt an der Basis mehrfach verzweigt sind. An der Unterseite ihres Körpers besitzen Haarsterne sogenannte Cirren, kleine „Beinchen", mit deren Hilfe sie sich am Untergrund festhalten und fortbewegen können. Sie bestehen aus zahlreichen, gelenkig miteinander verbundenen Gliedern. Die Anzahl der Cirren schwankt je nach Art zwischen 18 und 30.
Wichtige Merkmale für die exakte Artbestimmung sind neben der Anzahl der Arme auch die Zahl der Fiederchen pro Arm, Anzahl der Cirren und deren Glieder und ähnliches. Da außerdem die Färbung innerhalb einer Art sehr stark variieren kann, ist die Bestimmung per Foto bei vielen Arten nicht möglich. Um trotzdem einen kleinen Eindruck von der Vielfalt der Haarsterne der Malediven vermitteln zu können, werden auf den folgenden Seiten auch einige nicht näher bestimmte Arten abgebildet.
Haarsterne sind passive, das heißt von Strömungen abhängige, Filtrierer, die an exponierten Plätzen, wie z. B. auf Gorgonien oder Korallenstöcken, ihre gefiederten Arme strahlenförmig in die Strömung ausstrecken und feines Plankton aus dem Wasser herausfiltern. Dabei richten sie ihre Arme stets quer zur vorherrschenden Strömung aus. Erbeutetes Plankton wird in Ambulacralrinnen auf der Oberseite der Arme zur Mundöffnung transportiert.

With approximately 620 species, Crinoids, often also called Feather stars, live mostly in tropical oceans and are the original and oldest echinoderm class. They have a small, pentagonal body and at the rim ten to over a hundred bipinnate arms. They actually have, like starfish and brittle stars, only five or ten arms which are branched off at the base. Crinoids have at the underside of their body so-called cirri, small "legs", with which they can walk and hold themselves to the substrate. They consist of numerous, connected joints. Depending on species, the number of cirri is between 18 and 30.
Besides the number of arms, an important characteristic for exact species identification is also the number of bipinnates per arm, the number of cirri, their segments etc. Because the colour within a species can vary considerably, identification from photos is impossible. To give a limited impression of the many and diverse Maldivian crinoids, on the following pages we show some unidentified species.
Crinoids are passive, i.e. filter-feeders which depend on current and extend their bipinnate arms from sea fans or coral colonies into the current to filter fine plankton from the sea water.

Versch. unbest. Haarsternarten – different unidentified species of crinoids

HAARSTERNE CRINOIDS CRINOIDEA

Haarsterne sind oftmals unfreiwillige Partner für verschiedene andere Tierarten. Am häufigsten und wahrscheinlich auch am leichtesten zu entdecken sind die verschiedenen Haarsterngarnelen (S. 178). Bei ihnen handelt es sich um meist winzige, farblich hervorragend angepaßte Garnelenarten aus mindestens elf verschiedenen Gattungen. Seltener und auch schwerer zu entdecken sind die Haarstern-Springkrebse *Allogalathea elegans* (S. 202). Sowohl die Haarsterngarnelen als auch der Haarstern-Springkrebs sind auf ihrem Wirt besser vor Freßfeinden geschützt und ernähren sich wahrscheinlich vom Körperschleim und von erbeuteter Nahrung ihrer Wirte, in der Regel ohne ihn dabei nennenswert zu schädigen. Aus diesem Grund handelt es sich bei diesen Lebensgemeinschaften um eine Zwischenform von Kommensalismus (= Tischgemeinschaft) und Parasitismus.
Auch Fische sind als Haarsternpartner bekannt: z. B. die dauerhaft auf Haarsternen lebenden Haarstern-Schildbäuche sowie Geisterpfeifenfische, die nur gelegentlich in Haarsternen Schutz suchen.

They always extend their arms diagonally to the current. With the food grooves on the upper side of their arms, caught plankton is transported to the oral aperture.
Crinoids are often involuntary partners of several other animal species. The most common and easy to discover animals are various Crinoid shrimps (page 178). They are mostly minute shrimps, excellently adapted in colour with at least eleven different genera. Much rarer and also more difficult to discover are Elegant squat lobsters *(Allogalathea elegans)* (page 202). Crinoid shrimps and elegant squat lobsters are better protected against predators on their host and probably eat its body slime and caught prey but usually causing only slight damage. These biocoenosis fall therefore somewhere between commensalism (mess mates) and parasitism.
Fish are also known to be partners of crinoids: for instance, the Crinoid clingfish and Ghost pipefish which live constantly on crinoids, require only sometimes their protection.

Versch. unbest. Haarsternarten – different unidentified species of crinoids

HAARSTERNE CRINOIDS CRINOIDEA

Variabler Prachthaarstern – Variable crinoid – *Comanthina schlegeli*
Schwarz-weiß-goldener Prachthaarstern – Black-white-golden crinoid – *Comantheria briareus*
Spalten-Haarstern – Crevice crinoid – *Comanthus parvicirrus*

Das Foto vom Variablen Prachthaarstern (80 bis 200 Arme) zeigt zwei mögliche Farbformen dieser Art. Der Schwarz-weiß-goldene Prachthaarstern unterscheidet sich von der dunklen Variante der vorangegangenen Art durch die stets golden gefärbten Mittelachse seiner Arme (bis 150).
Beide Prachthaarsternarten leben in Tiefen zwischen 5 bis mehr als 30 m Tiefe. Spalten-Haarsterne verlassen auch nachts ihr Versteck zwischen 1–25 m Tiefe nicht, sondern stecken nur ihre 20 cm langen Arme zum Planktonfang heraus.

The photo of the Variable crinoid (80 to 200 arms) depicts two possible colour shades of this species. The Black-white-golden crinoid differs from the above species by the always golden coloured central axis of its arms (up to 150).
Both the above crinoids live in depths of between 5 and more than 30 m. Crevice crinoids, living in depths of between 1 and 25 m, do not even leave their hiding places at night but extend their 20 cm long arms to catch plankton.

oben: Variabler Prachthaarstern – Variable crinoid – *Comanthina schlegeli*
linke Seite: Spalten-Haarstern – Crevice Crinoid – *Comanthus parvicirrus*
unten: Schwarz-weiß-goldener Prachthaarstern – Black-white-golden crinoid – *Comantheria briareus*

HAARSTERNE CRINOIDS CRINOIDEA

Malediven-Haarstern – Maldive crinoid – *Dichrometra flagellata*

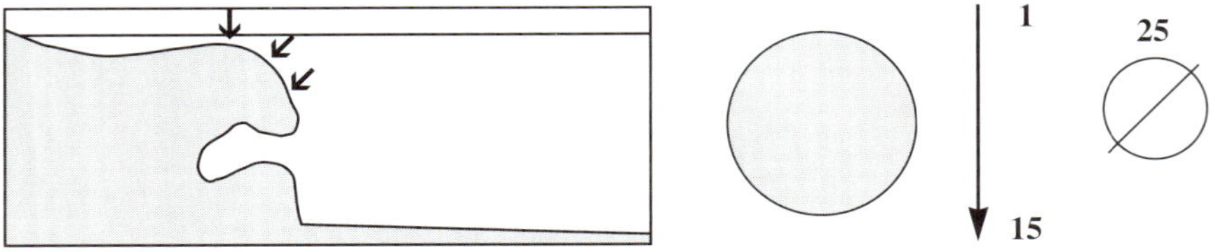

Da der Malediven-Haarstern wie viele andere Haarsternarten recht variabel in der Färbung sein kann, ist die genaue Artbestimmung per Foto nur mit Vorbehalten möglich. Die Art lebt tags versteckt in Spalten und unter Korallen, die sie erst mit Einbruch der Dunkelheit zur Nahrungsaufname verläßt.

Because the Maldive crinoid can, like many other crinoid species, vary greatly in colour, an identification of species by photo can only be made with reservations. During the day, this species withdraws into crevices and under corals and emerging only at night to search for food.

Gemeiner Haarstern – Common crinoid – *Lamprometra palmata*

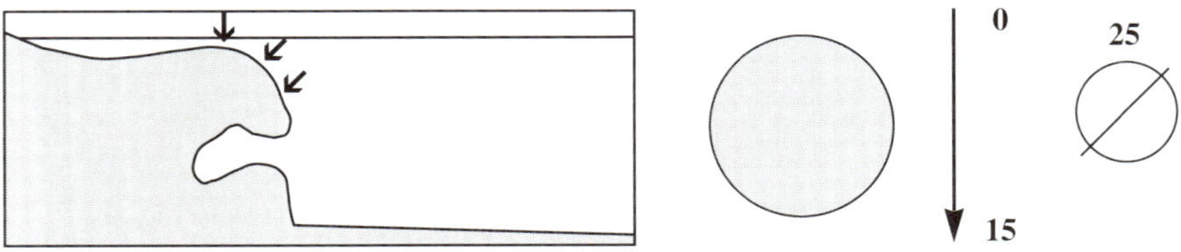

Der Gemeine Haarstern gehört im Indopazifik zu den häufigsten nachtaktiven Haarsternarten. Auch diese Art ist am Tage nur selten zu entdecken, da sich die Tiere mit eingerollten Armen in kleinste Spalten, Löcher oder andere Verstecke zurückziehen.

In the Indo-Pacific, the Common crinoid belongs to the most common nocturnal crinoid species. Also this species can only seldom be found during the day because it withdraws with arms rolled up into the smallest crevices, holes or other hiding places.

oben: Malediven-Haarstern – Maldive crinoid – *Dichrometra flagellata*
Insert: Farbvariante – color variety
unten: Gemeiner Haarstern – Common crinoid – *Lamprometra palmata*

SCHLANGENSTERNE BRITTLE STARS OPHIUROIDEA

Schlangensterne (Klasse Ophiuroidea), die weltweit mit 1.900 Arten vertreten sind, zeichnen sich durch eine kleine Körperscheibe mit fünf langen, schlangenartigen Armen aus. Mit diesen sehr beweglichen, meist mit zahllosen Stacheln besetzten Armen kriechen sie über den Untergrund. An den Armen befinden sich Ambulacralfüßchen ohne Saugnäpfe, die nicht der Fortbewegung dienen, sondern ausschließlich im Dienst der Nahrungsaufnahme und deren Transport zur Mundöffnung auf der Körperunterseite stehen. Die Arme reißen bei den meisten Arten sehr leicht ab, können jedoch schnell wieder nachwachsen, wobei neugebildete Teile meist durch einen geringeren Querschnitt auffallen. Die meisten Schlangensterne leben ausgesprochen versteckt. Weidegänger unter ihnen leben meist in engen Spalten und kleinsten Löchern, wo sie Schutz vor Freßfeinden suchen. Filtrierer dagegen leben häufig auf Steinkorallen, Schwämmen und vor allem auf Gorgonien und Peitschenkorallen, um deren Äste sie tagsüber ihre Arme schlingen, so daß sie oft nicht als Schlangensterne erkannt werden.
Bei den ausschließlich nachtaktiven Gorgonenhäuptern, die ebenfalls zu den Schlangensternen gehören, sind die fünf Arme vielfach verzweigt (bis zu 90.000 Verzweigungen!) und bilden große Planktonnetze mit einer Fläche bis zu einem Quadratmeter.

Brittle stars (Ophiuroidea family), represented worldwide by 1,900 species, are characterised by a small central disc with five long, slender arms. With these movable arms, mostly covered with numerous bristles, they crawl over the substrate. On the arms they have tubular feet without suckers which are not used for movement but solely for food intake and its transport to the oral aperture on the underside of the body. With most species, the arms are ripped off easily but can grow anew quickly whilst newly developed limbs can generally be distinguished by a smaller cross-section. Most brittle stars are very withdrawn. Browsers live mainly in small crevices and holes to protect themselves against predators. In contrast, filter-feeders often live on stony corals, sponges and particularly on sea fans and wire corals around whose branches they twine their arms during the daytime which makes it very difficult to distinguish them. The entirely nocturnal Basket stars, which also belong to the class of brittle stars, have five greatly branched-off arms (up to 90,000 branches!) and form large plankton nets, covering an area of up to one square metre.

Unbest. Schlangensterne – unidentified brittle stars

SCHLANGENSTERNE BRITTLE STARS OPHIUROIDEA

Purpurner Schlangenstern – Purple brittle star – *Ophiothrix purpurea*

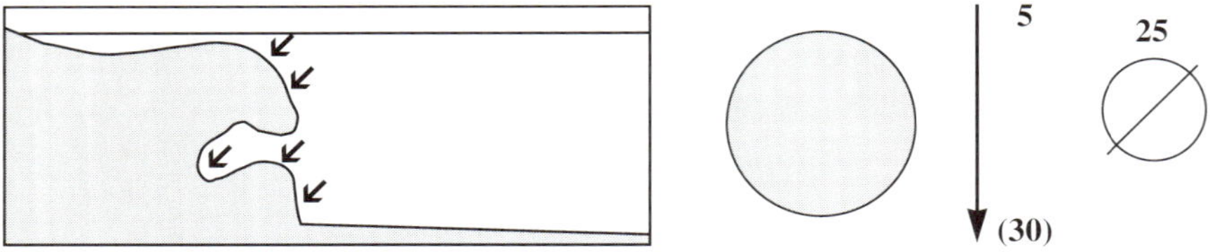

Die Arme dieser Art können bis ca. 15 cm lang werden, während die Körperschneibe nur knapp 2 cm Durchmesser erreicht. Die Tiere verbringen oft den Tag um eine Gorgonie oder eine Peitschenkoralle geschlungen. Nachts begeben sie sich auf Nahrungssuche, wobei sie oft auch auf ihrem „Wirt" umherkriechen oder einige Arme ins freie Wasser strecken.

The arms of this species can reach a length of 15 cm whilst the body disc only reaches a diameter of almost 2 cm. During the day these species often twine themselves around a sea fan or a wire coral. They hunt at night by crawling around on their "host", extending their arms into the open water.

Zwerg-Schlangenstern – Pigmy brittle star – *Ophiothela danae*

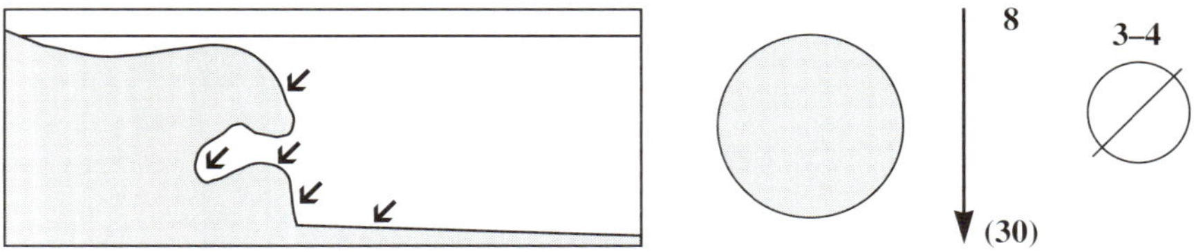

Zwerg-Schlangensterne leben stets auf Schwämmen, Weich- und Lederkorallen oder auf Gorgonien. Dort wickeln sie tagsüber ihre Arme um deren Äste, so daß man sie auf den ersten Blick für Borstenwürmer halten kann. Ihre Arme erreichen ein Länge bis 1,5 cm, ihr Körper bis 0,3 cm.

Pygmy brittle stars always live on sponges, soft corals and sea fans. During the day, they twine their arms around their branches and, at first sight, can be confused with bristle worms. Their arms can reach a length of up to 1.5 cm, their body a length of up to 0.3 cm.

Purpurner Schlangenstern – Purple brittle star – *Ophiothrix purpurea*

Zwerg-Schlangenstern – Pigmy brittle star – *Ophiothela danae*

SEESTERNE STARFISHES ASTEROIDEA

Seesterne (Klasse Asteroidea) sind weltweit mit mehr als 1.500 Arten vertreten. Bis auf wenige Ausnahmen ist bei ihnen die fünfstrahlige Symmetrie der Stachelhäuter deutlich erkennbar, da sie an ihrem zentralen Körper meist fünf Arme besitzen. Es gibt aber auch Arten mit mehr als 15 Armen. Selbst bei fünfarmigen Arten kann man immer wieder Exemplare mit mehr oder weniger als fünf Armen antreffen. Auf der Unterseite der Arme befinden sich pro Arm zwei Reihen von Saugfüßchen in einer Ambulacralrinne, die von den Armspitzen bis zur Mundöffnung auf der Unterseite des Zentrums des Körpers verlaufen. Die meist mit Dornen oder Stacheln versehene, rauhe Körperoberfläche ist bei vielen Arten sehr attraktiv gefärbt.
Obwohl Seesterne mit Hilfe ihrer Saugfüßchen nur sehr langsam laufen können, leben viele Arten räuberisch und erbeuten zum Teil relativ große Tiere. Daneben gibt es auch viele Aas- und Allesfresser sowie Aufwuchs- und Kleinpartikelfresser. Bei großer Beute wird meist der Magen ausgestülpt und um das Opfer gelegt, um es außerhalb des Körpers zu verdauen.
Seesterne besitzen ein hohes Regenerationsvermögen und können von Feinden abgerissene Arme nachwachsen lassen. Einige Arten benutzen diese Fähigkeit, um sich durch aktives Abtrennen von Armen ungeschlechtlich zu vermehren.

Starfish (Asteroidea class) are represented worldwide by 1,500 species. With few exceptions, the pentagonal symmetry of echinoderms can be distinguished because five arms usually radiate from their central body. But other species exist with over 15 arms. Even with five-armed species one can find species with more or fewer than five arms. In an food grove on the underside of each arm are two lines with small suckers which run from the tip of the arm to the oral aperture, positioned centrally on the underside of the body. The rough body surface is generally covered with thorns or spines, is in many species, attractively coloured.
Despite the fact that starfish, with the aid of suckers, can only move slowly, they live as predators and catch relatively large prey. Some starfish also eat "carrion", overgrowth, detritus or are omnivores. With large prey, starfish extend their stomach usually to the outside, embrace their prey and digest it externally.
Starfish can regenerate well which enables them to regrow arms torn off by predators. Some species use this ability to reproduce asexually through active removal of arms.

oben: Riesen-Seestern – Giant starfish – *Mithrodia clavigera*
Insert: Brauner Maschen-Seestern – Brown mesh starfish – *Nardoa galatheae*
unten: *Linckia multifora,* Insert: *Gomophia egyptiaca*

SEESTERNE STARFISHES ASTEROIDEA

Kometen-Seestern – Comet starfish – *Linckia multifora*

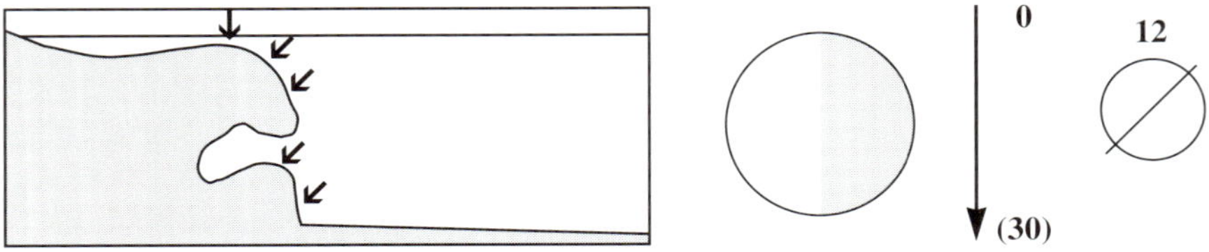

Diese Art kann sehr variabel in ihrer Färbung sein. Sie kann sich ungeschlechtlich vermehren, indem sie Arme abschnürt, die sich jeweils wieder zu einem vollständigen Seestern regenerieren. Dadurch findet man häufig kometenförmige Exemplare mit einem großen und vier kleinen Armen (Insert). Gelegentlich kann man auch Tiere mit mehr oder weniger als fünf Armen finden.

This species can vary greatly in colour. It can reproduce asexually through the restriction of arm circulation, each regenerating into an entirely new starfish. One often finds therefore comet-shaped species with one large and four small arms (insert). Sometimes one can also find animals with more or fewer than five arm.

Gelber Rundarmseestern – Yellow starfish – *Linckia guildingi*

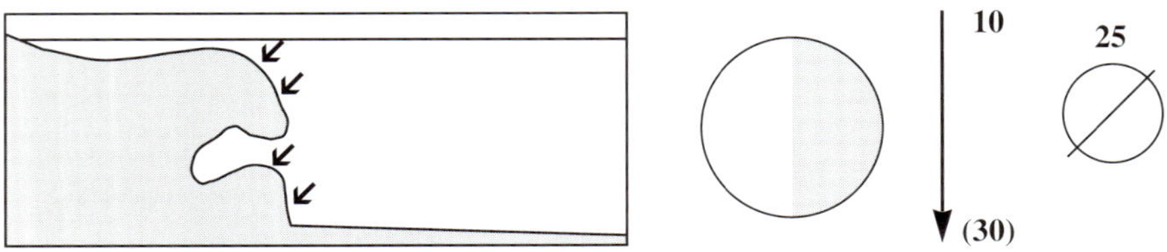

Auf der stets gelb gefärbten Art kann man oft Seestern-Partnergarnelen *Periclimenes sorror* entdecken. Wie die folgenden drei Arten gehören die Arten von dieser Seite zur Familie Ophidiasteridae, deren Arten sich durch eine kleine Körperscheibe mit fünf langen, mehr oder weniger runden Armen auszeichnen.

Starfish partner shrimps *(Periclimenes soror)* can often be found on this always yellow coloured species. Like the following three species, this species belongs to the Ophidiasteridae family which is characterised by a small body disc with five long or slightly cylindrical arms.

oben: Kometen-Seestern – Comet starfish – *Linckia multifora*
Insert: „Komet“ von *Linckia multifora*
unten: Gelber Rundarmseestern – Yellow starfish – *Linckia guildingi*

SEESTERNE STARFISHES ASTEROIDEA

Roter Maschen-Seestern – Red mesh starfish – *Fromia monilis*
Oranger Strichel-Seestern – Orange hatch starfish – *Fromia elegans*
Ägypter-Seestern – Egyptian starfish – *Gomophia egyptiaca*

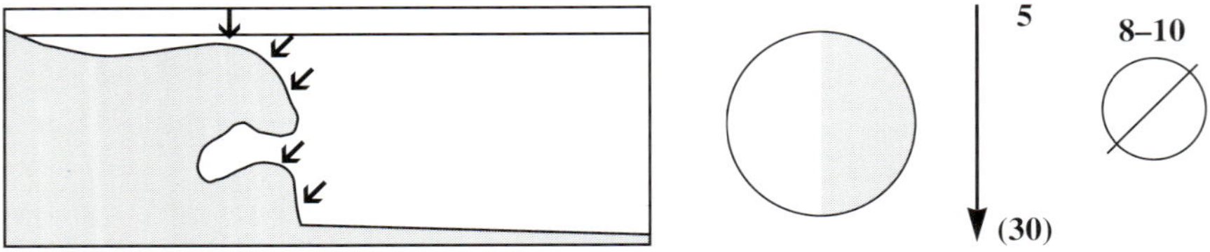

Aufgrund ihrer Färbung gibt es bei allen drei Arten keine Verwechslungsmöglichkeiten. Im Gegensatz zu den beiden anderen Arten lebt der Orange Strichel-Seestern eher versteckt und ist deshalb seltener zu finden.

Due to their livery, all three species cannot be confused. In contrast to both other species, the orange hatch starfish is more withdrawn and is therefore more difficult to discover.

Ägypter-Seestern – Egyptian starfish – *Gomophia egyptiaca*

Roter Maschen-Seestern – Red mesh starfish – *Fromia monilis*

Oranger Strichel-Seestern – Orange hatch starfish – *Fromia elegans*

SEESTERNE STARFISHES ASTEROIDEA

Gekörnter Kissenseestern – Granular starfish – *Choriaster granulatus*

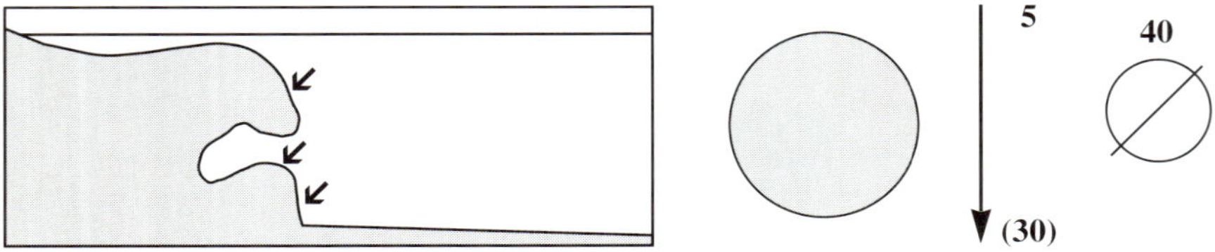

Kissenseesterne aus der Familie Oreasteridae zeichnen sich stets durch einen massigen Körper mit einer sehr breiten Armbasis aus. Diese unverwechselbare Art ernährt sich wahrscheinlich von verschiedenstem, abgestorbenem, organischem Material und von Aas. Auf den meisten Tieren kann man eine oder mehrere winzige Seestern-Partnergarnelen *Periclimenes soror* beobachten.

Cushion starfish of the Oreasteridae family are always characterised by a large body with a very wide arm base. This distinctive species probably eats various dead organic material and "carrion". On most animals one can find one or several tiny starfish partner shrimps *(Periclimenes soror).*

Indischer Kissenseestern – Indian cushion starfish – *Culcita schmideliana*

Die Art erinnert eher an einen Seeigel ohne Stacheln als an einen Seestern. Die 5 Armrinnen auf der Körperunterseite identifizieren ihn jedoch eindeutig als Seestern. Die Tiere ernähren sich hauptsächlich von Detritus und Aufwuchs. Auch sie werden meist von Seestern-Partnergarnelen *P. soror* bewohnt.

This species is more reminiscent of a sea urchin without spines than a starfish. But the five arm grooves on the underside of the body clearly identify it as a starfish. These animals eat mostly detritus and overgrowth. They are also generally covered by Starfish partner shrimps *(P. soror).*

Gekörnter Kissenseestern – Granular starfish – *Choriaster granulatus*

Indischer Kissenseestern – Indian cushion starfish – *Culcita schmideliana*

SEESTERNE STARFISHES ASTEROIDEA

Dornenkronen-Seestern – Crown-of-thorn starfish – *Acanthaster planci*

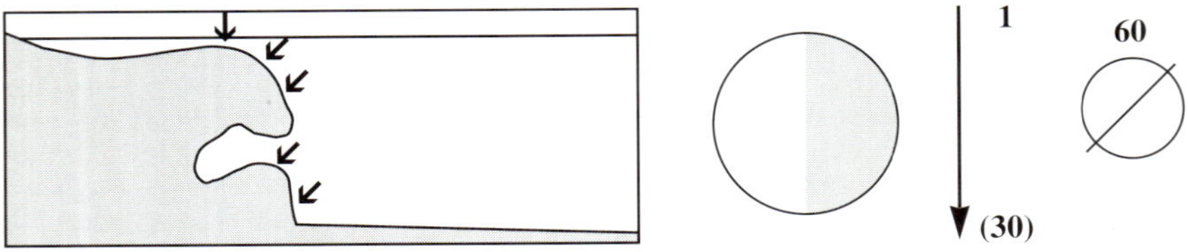

Dornenkronen-Seesterne besitzen 9 bis mehr als 20 Arme. Sie ernähren sich fast ausschließlich von Korallen. Bei Massenansammlungen können sie ganze Riffabschnitte kahlfressen. Solche Massenansammlungen sind jedoch meist lokal begrenzt. Dort zerstören sie das Riff, vernichten dabei aber auch ihre eigene Existenzgrundlage. Dadurch bricht auch ihre Population zusammen, und das Riff kann wieder nachwachsen. Über die Ursachen solcher Ansammlungen gibt es unterschiedliche Meinungen. So wurde z. B. vermutet, daß sich die Dornenkronen durch das Sammeln des Tritonshornes, einer großen räuberischen Schnecke und dem Hauptfeind der Dornenkrone, stark vermehren und Massenansammlungen bilden. Es wurden jedoch auch schon in früheren Zeiten Massenvorkommen beobachtet, die nach einiger Zeit aber genauso schnell verschwanden, wie sie kamen. Bekämpfungsmaßnahmen wie z. B. das Absammeln einzelner Exemplare in völlig intakten Riffen ist absolut überflüssig! **Vorsicht, Dornenkronen-Seesterne sind giftig und können mit ihren Stacheln sehr schmerzhafte und schlecht heilende Wunden verursachen!**

Crown-of-thorns starfish has between 9 and over 20 arms. It eats almost exclusively corals. If many starfish are present, entire reef sections can be stripped bare. But such large groups are generally limited to small areas. There they destroy the reef, but also their own basis of livelihood. This leads to a breakdown of population and the reef can regenerate. Various opinions exist as to the reasons for such large groups. For instance, one assumes that the crown-of-thorns starfish reproduces in large numbers through the collection of Triton's Trumpet, a large predatory snail and main enemy of the crown-of-thorns starfish, which leads to an increased number of species. But even in former times, large groups have been observed which disappear as quickly as they occur. Measures to combat this, such as, for instance, the collection of individual species from an entirely intact reef, are absolutely futile ! **Warning: the crown-of-thorns starfish is poisonous and, with its spines, can cause very painful wounds that are slow to heal!**

Dornenkronen-Seestern – Crown-of-thorn starfish – *Acanthaster planci*
Insert: Jungtier – juvenil

SEEIGEL SEA URCHINS ECHINOIDEA

Seeigel (Klasse Echinoidea), die weltweit mit mehr als 860 Arten vertreten sind, werden entsprechend ihres Körperbaus und ihrer damit verbundenen Lebensweise in zwei Gruppen unterteilt: die Regulären Seeigel (Regularia) und die Irregulären Seeigel oder Herzseeigel (Irregularia). Beide Gruppen besitzen mehr oder weniger lange, bewegliche Stacheln und ein in der Regel starres Innenskelett, das aus miteinander verwachsenen Kalkplättchen besteht. Eine Besonderheit ist ihr kompliziert gebauter Kauapparat, der aus zahlreichen Skeletteilen besteht und sich im Zentrum der Unterseite befindet. Er wird als „Laterne des Aristoteles" bezeichnet. Der After befindet sich im Zentrum auf der Oberseite.
Der Körper der Regulären Seeigel ist meist kugelförmig mit einer etwas abgeflachten Bauchseite und starren Stacheln. Die meisten Regulären Seeigel sind Weidegänger, die mit ihrem Kauapparat Aufwuchs vom Untergrund abschaben.
Die Irregulären Seeigel oder Herzseeigel dagegen besitzen einen oftmals abgeflachten, zum Teil herzförmigen Körper, bei dem sich die Mundöffnung vorne und der After hinten befindet. Ihre Stacheln sind in der Regel dünner und kürzer und oft auch nicht so starr wie die der Regulären Seeigel. Sie leben meist grabend in Sandböden und kommen nur selten an die Oberfläche. Aus diesem Grund können sie nur selten beobachtet werden. Sie ernähren sich stets von lebendem und totem organischen Material, das sich im Sand befindet.
Seeigel sind, vor allem in tropischen Meeren, fast ausnahmslos nachtaktiv. Der Grund dafür liegt in der großen Anzahl von Feinden, für die Seeigel trotz ihrer spitzen Stacheln eine große Delikatesse darstellen. Neben räuberischen Schnecken, Seesternen und Krabben gehören vor allem zahlreiche Fischarten zu ihren Freßfeinden. Viele Drückerfische, aber auch zahlreiche große Lippfischarten, haben ganz unterschiedliche Strategien entwickelt, um den schützenden „Stachelwald" ihrer Opfer zu überwinden.

Sea urchins (Echinoidea class) are represented worldwide by over 860 species and are, according to their body structure and way of life, classified into two groups: the Regular sea urchin (Regularia) and the Irregular sea urchin or Heart urchins (Irregularia). Both groups have more or less long, movable spines and usually a rigid dermal skeleton called Test formed by fused calcareous ossicles. A characteristic is their complex jaw apparatus consisting of numerous skeletal parts and located in the centre of the lower surface. It is also called "Aristotle's lantern". The anus is located at the centre of the upper surface.
The body of the Regular sea urchin is mostly globular, flattened at the abdomen and has rigid spines. Most regular sea urchins are browsers which their jaw apparatus scrape off organisms from the seabed.

Griffelseeigel – Pencil urchin – *Heterocentrotus mammillatus*

In contrast, the irregular sea urchin or heart urchin often has a flattened, partly heart-shaped body with an oral aperture at the front and the anus at the rear. The spines are usually thinner and shorter and often not as rigid as those of the regular sea urchin. They generally live burrowing in sandy seabeds and rarely appear at the surface.

They can therefore rarely be observed. They always eat the living or dead organic materials found in the sand.

Sea urchins are almost always nocturnal, particularly in tropical oceans. The reason for this is the numerous predators for which sea urchins are, despite their sharp spines, a great delicacy. Amongst their predators are, besides predatory snails and crabs, many fish species. Many trigger fish but also large Wrasses species have developed various strategies to overcome the protective "spine forest" of their prey.

SEEIGEL SEA URCHINS ECHINOIDEA

Lanzenseeigel – Lance urchin – *Phyllacanthus imperialis*

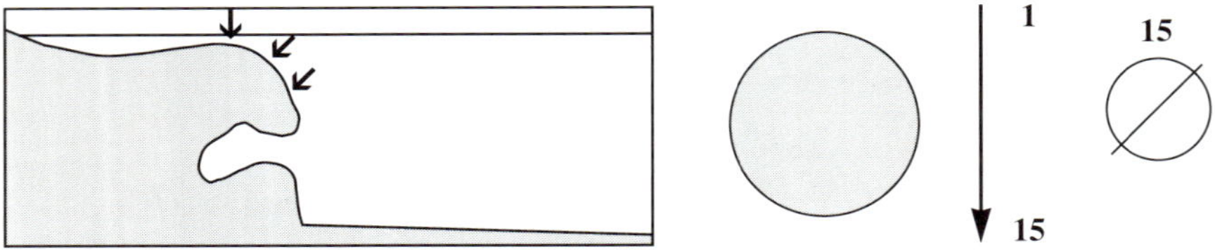

Die dicken, bis 10 cm langen Stacheln dieses auffälligen, aber nur vergleichsweise selten zu beobachtenden Seeigels sind mit Längsrillen versehen und meist mit verschiedensten Aufwuchsorganismen (Epibionten) bewachsen, wodurch sie schmutzigbraun aussehen. Neuere Stacheln sind unbewachsen und leuchtend rotbraun gefärbt.

The thick spines, up to 10 cm long, of this conspicuous but comparatively rarely observed sea urchin have longitudinal grooves and are mostly overgrown by ectocommensals (epibionts) which changes their appearance to a muddy brown. New spines are not overgrown and coloured a bright russet.

Griffelseeigel – Pencil urchin – *Heterocentrotus mammillatus*

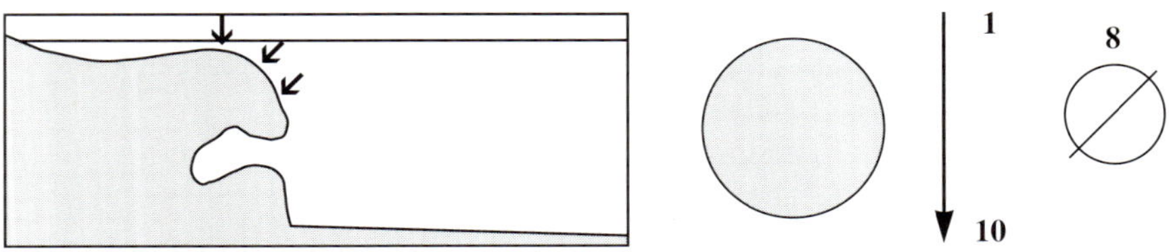

Der Griffelseeigel besitzt bis 10 cm lange, dicke, dreikantige, glatte Primärstacheln. Die nagelförmigen Sekundärstacheln sind wesentlich kleiner und bedecken den Körper. Er verbringt ebenso wie der Lanzenseeigel den Tag in Löcher und Spalten verkeilt und weidet nachts Aufwuchs vom Untergrund ab.

The pencil urchin has thick, triangular and smooth primary spines up to 10 cm long. The pin-shaped secondary spines are much smaller and cover the body. It withdraws, like the lance urchin, during the day into holes and crevices and browses the seabed at night.

Lanzenseeigel – Lance urchin – *Phyllacanthus imperialis*

Griffelseeigel – Pencil urchin – *Heterocentrotus mammillatus*

SEEIGEL SEA URCHINS ECHINOIDEA

Bohrender Riffseeigel – Burrowing urchin – *Echinostrephus aciculatus*

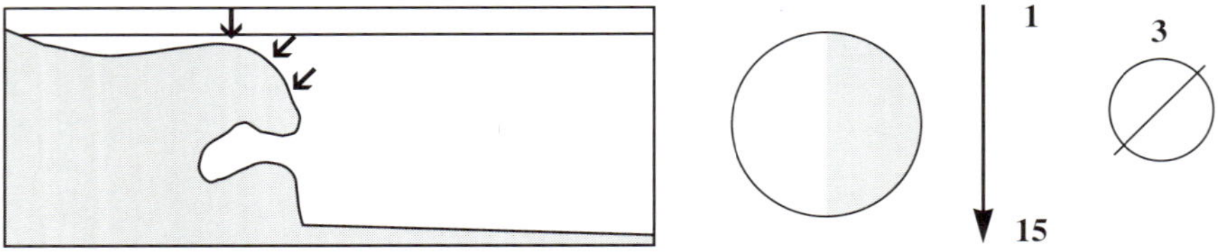

Der Bohrende Riffseeigel besitzt bis zu 7 cm lange, dünne und spitze Stacheln. Er lebt in einem Loch, das er mit seinem Gebiß selbst ins Riff gebohrt hat, in das er genau hineinpaßt und das er wahrscheinlich nie verläßt. Er ernährt sich von organischem Material, das an seinen Stacheln hängenbleibt oder in sein Bohrloch fällt. Stellenweise kann man ganze Kolonien dieser Art vorfinden.

The burrowing sea urchin has thin, sharp spines up to 7 cm long. It lives in a hole which it has burrowed into the reef. It fits its body exactly and is probably never vacated. It eats organic material which gets stuck to its spines or drops into its hole. In some places entire colonies of this species can be found.

Steinseeigel – Stone urchin – *Echinometra mathaei*

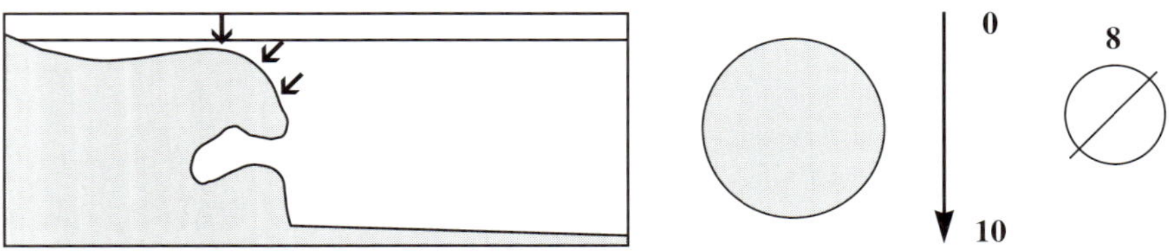

Der Körper des Steinseeigels besitzt vergleichsweise kurze, kräftige Stacheln. Seine Färbung kann recht variabel sein. Wie die meisten Seeigel verbringt auch er den Tag im Schutz von Löchern und Spalten und weidet nachts Algen vom Untergrund ab. Mit seinen Saugfüßchen kann er sich sehr gut festhalten.

The body of the stone urchin is covered with comparatively short, strong spines. Its colour can vary considerably. Like most sea urchins, it lives during the day in protective holes and crevices and browses algae from the seabed at night. With its small suckered feet it can secure itself well.

Bohrender Riffseeigel – Burrowing urchin – *Echinostrephus aciculatus*

Steinseeigel – Stone urchin – *Echinometra mathaei*

SEEIGEL SEA URCHINS ECHINOIDEA

Gemeiner Diademseeigel – Diadem urchin – *Diadema setosum*

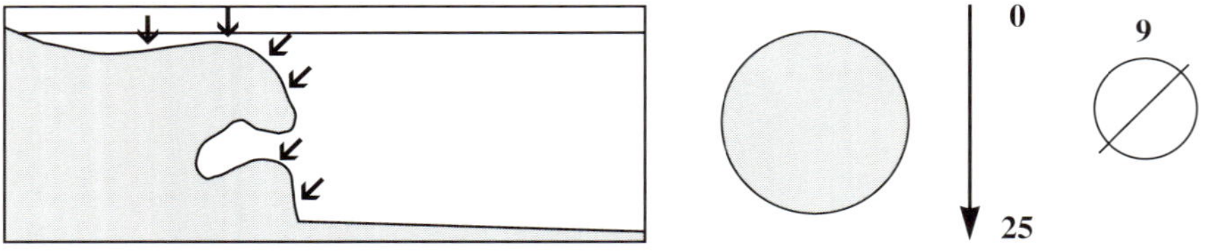

Diademseeigel (Familie Diadematidae) besitzen bis 30 cm lange, dünne Stacheln. Bei Jungtieren (großes Bild) sind sie meist deutlich hell-dunkel gebändert, bei erwachsenen (Insert) sind sie in der Regel dunkler und nur selten gebändert. Vorsicht: Die langen, spitzen Stachel brechen leicht ab und können sehr schmerzhafte, oftmals eiternde Verletzungen verursachen.

Diadem urchins (Diadematidae family) have thin spines up to 30 cm long. In juveniles (large picture) they are generally conspicuously light-dark banded; in adults (insert) they are mostly darker and rarely banded. **Warning: the long, sharp spines break off easily and can often cause painful, suppurating wounds!**

Langstacheliger Herzseeigel – Long spined heart urchin – *Maretia planulata*

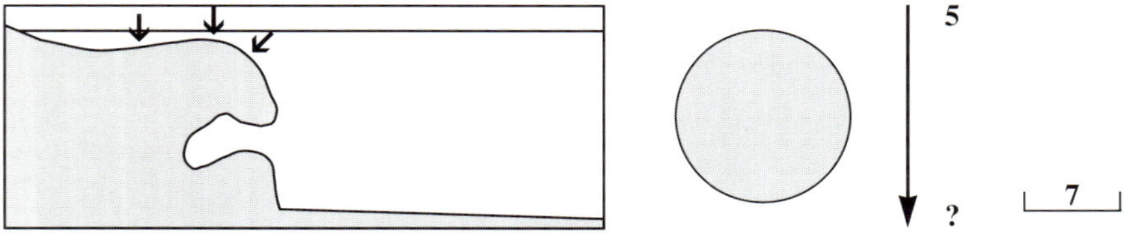

Das abgebildete Tier (Familie Spatangidae) wurde zusammen mit zahlreichen Artgenossen auf kleinen Sandflächen an einen Riffhang in 5–10 m Tiefe angetroffen, wo sie sich flink auf der Oberfläche bewegten. Ob sich die Art normalerweise im Sandboden aufhält, konnte nicht geklärt werden.

The animal depicted (Spatangidae family) was, together with numerous other members of the same species, found on a sandy reef slope (in a depth of 5 to 10 m) where they are able to move quickly. Whether this species usually lives on sandy seabeds could not be clarified.

Gemeiner Diademseeigel – Diadem urchin – *Diadema setosum*

Langstacheliger Herzseeigel – Long spined heart urchin – *Maretia planulata*

SEEGURKEN SEA CUCUMBERS HOLOTHUROIDEA

Seegurken (Klasse Holothuroidea), die manchmal auch als Seewalzen bezeichnet werden, sind mit ca. 1.100 Arten bekannt. Sie besitzen einen langgestreckten, gurkenförmigen Körper, bei dem man Vorder- und Hinterende unterscheiden kann. Die fünfstrahlige Symmetrie der Stachelhäuter kann man nur noch anhand des inneren Körperbaus erkennen. Im Gegensatz zu den anderen Stachelhäutern ist ihr Skelett auf mikroskopisch kleine Kalkplättchen reduziert, die zerstreut in der Haut liegen, so daß sich der Körper der Seegurken weich anfühlt. Auf der Bauchseite befinden sich meist drei Reihen von mit Saugnäpfen versehene Ambulacralfüßchen, die der Fortbewegung dienen. Im Bereich der Mundöffnung sind sie entweder zu kurzen schaufelförmigen oder zu größeren, mehr oder weniger stark verzweigten, einziehbaren Tentakeln umgebildet, die der Nahrungsaufnahme dienen.
Seegurken besitzen keinen Kauapparat. Ihre Mundtentakel dienen je nach Art dem Abschaben der Nahrung von Untergrund oder dem Planktonfang. Viele Arten schaufeln mit ihrer Hilfe große Mengen an Sand in ihre Mundöffnung und verdauen die darin enthaltenen organischem Bestandteile. Die unverdaulichen Bestandteile, in erster Linie Sand, werden von diesen Arten in Form von charakteristischen Kotwürsten wieder ausgeschieden.
Bei Reizung oder Bedrohung können manche Arten die der Verteidigung dienenden Cuvierschen Schläuche ausstoßen, die sehr klebrig sind und dadurch auf mögliche Freßfeinde abschreckend wirken. Bei längerer Reizung kann außerdem der gesamte Darmtrakt ausgestoßen werden. Sowohl die Cuvierschen Schläuche als auch der Darmtrakt können unter günstigen Bedingungen in wenigen Wochen regeneriert werden.
In letzter Zeit hat sich der Mensch als ernste Bedrohung für Seegurken herausgestellt, die sonst nur sehr wenige natürliche Feinde haben. Vielerorts werden die Tiere eingesammelt und zu „Trepang“ verarbeitet, um dann im asiatischen Raum, vor allem in Japan, als Delikatesse verkauft zu werden.

Of sea cucumbers (Holothuroidea class), sometimes also called sea rollers, approximately 1,100 species are known. They have an elongated, cucumber-shaped body with distinguishable front and rear ends. The pentagonal symmetry of echinoderms can only be found in the internal body structure. In contrast to other echinoderms, its skeleton is reduced to minute bony ossicles embedded in the skin, which leads to the soft appearance of sea cucumbers. On the abdominal side are tubular feet, generally with three lines of suckers, used for locomotion. In the area of the oral aperture they are either converted into short, paddle-like or to larger branched contractible tentacles used for feeding.

Unbest. Seegurke – unidentified sea cucumber

Sea cucumbers have no jaw apparatus. Their oral tentacles are used, depending on species, to scrape off food from the seabed or to catch plankton. Many species scoop large amounts of sand with these tentacles into their oral aperture and digest the organic components contained in it. The undigestible components, mostly sand, are excreted by these species in characteristic excremental "sausages".

Some species, if threatened or otherwise stimulated, exhude special organs at the back end (Cuvier's tubes) which form very sticky threads to act as deterrent to possible predators. If disturbed further they can excrete their entire intestinal tract. In favourable conditions, the Cuvier's tubes and the intestinal tract can be regenerated in a few weeks.

Man was recently a serious threat for sea cucumbers which otherwise have very few natural enemies. In many places sea cucumbers are collected and processed into "Trepang", which is regarded in Asia, particularly in Japan, as a delicacy.

SEEGURKEN SEA CUCUMBERS HOLOTHUROIDEA

Weißafter-Seegurke – White-anus sea cucumber – *Actinopyga lecanora*

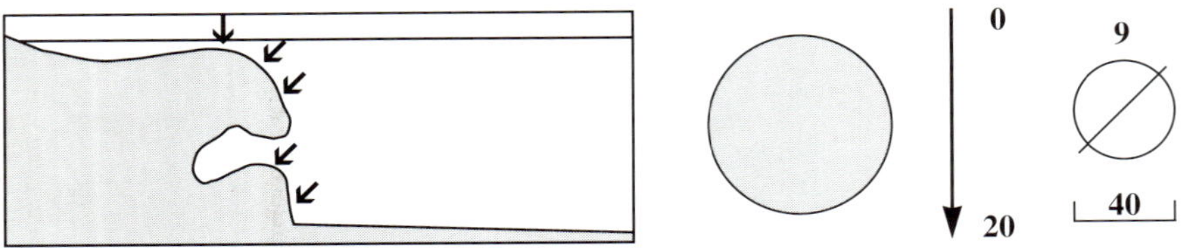

Die Weißafter-Seegurke besitzt stets einen weißgefärbten Bereich um den After herum, wodurch sie leicht von anderen Arten zu unterscheiden ist. Diese Art scheint Riffbereiche mit stärker bewegtem Wasser zu bevorzugen. Den Tag verbringt sie versteckt in Spalten, unter Blöcken oder ähnlichem.

The white-anus sea cucumber always has a white area around the anus which makes it easy to distinguish it from other species. This species seems to prefer reef areas with stronger current. During the day it withdraws into crevices, beneath coral blocks etc.

Dunkelbraune Seegurke – Dark brown sea cucumber – *Actinopyga miliaris*

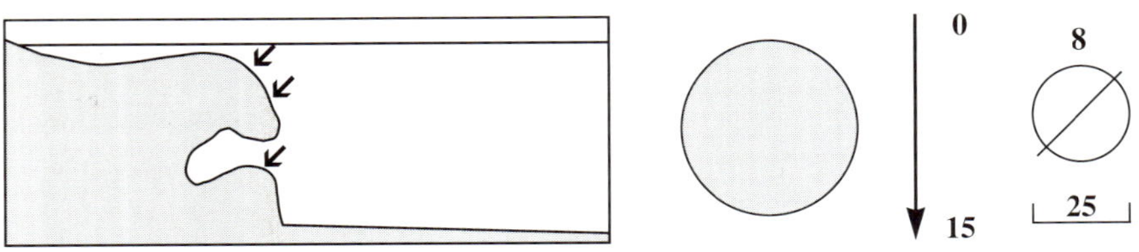

Die Dunkelbraune Seegurke kann man oft mit eiförmig zusammengezogenem Körper antreffen. Sie lebt, anders als die vorangegangene Art, bevorzugt auf Hartsubstraten in Riffbereichen mit nur geringer Wasserbewegung. Die Arten der Gattungen *Actnopyga*, *Bohadschia* und *Holthuria* gehören zur Familie Holthuriidae.

The dark brown sea cucumber can often be found with its body coiled into an egg shape. In contrast to the above species it prefers solid substrates in reef areas with low current. Species of the *Actnopyga, Bohadschia* and *Holothuria* genus belong to the Holothuriidae family.

Weißafter-Seegurke – White-anus sea cucumber – *Actinopyga lecanora*

Dunkelbraune Seegurke – Dark brown sea cucumber – *Actinopyga miliaris*

SEEGURKEN SEA CUCUMBERS HOLOTHUROIDEA

Strichel-Seegurke – Striated sea cucumber – *Bohadschia graeffei*

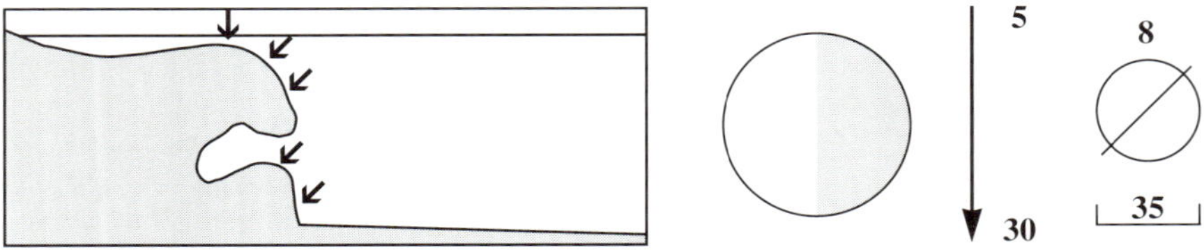

Die Strichel-Seegurke besitzt schwarz-weiße, blumenartige Mundtentakel (Insert oben links), mit denen sie organisches Material vom Untergrund abtupft. Bei Störungen werden sie vollständig eingezogen. Das Insert unten links zeigt die völlig anders gefärbte Jugendform dieser Art, die auf den ersten Blick meist mit einer Warzenschnecke verwechselt wird.

The striated sea cucumber has a black-white, flower-like oral tentacle (insert above, left) with which it plucks up organic material from the ground. If disturbed, it can invert them entirely. The insert, below, left hand side, shows an entirely different, juvenile form of this species which, at first sight, is usually confused with a warty sea slug.

Goldbraune Seegurke – Golden-brown sea cucumber – *Bohadschia vitensis*

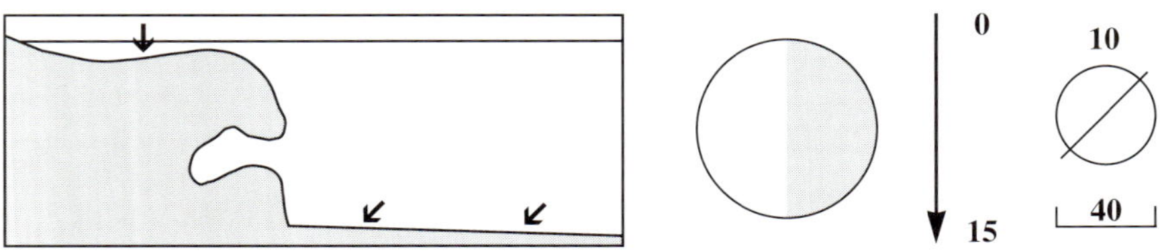

Die Art, die stets auf sandigen und schlammigen Böden (z. B. in Lagunen) angetroffen werden kann, ist oftmals teilweise oder sogar völlig mit Sand bedeckt, so daß sie häufig übersehen wird.

This species, which can always be found on sandy and muddy seabeds (for instance, in lagoons), is often partly or entirely covered with sand and therefore often overlooked.

oben: Strichel-Seegurke – Striated sea cucumber – *Bohadschia graeffei*
Insert: Jugendfärbung – juvenil color
Goldbraune Seegurke – Golden-brown sea cucumber – *Bohadschia vitensis*

SEEGURKEN SEA CUCUMBERS HOLOTHUROIDEA

Rosafarbene Seegurke – Pink sea cucumber – *Holothuria edulis*

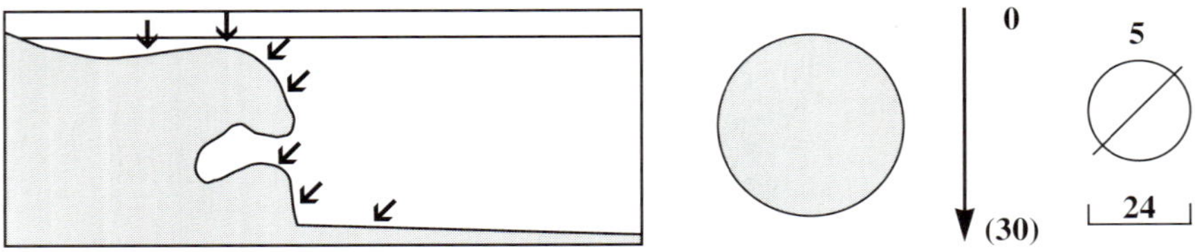

Die Rosafarbene Seegurke ist in nahezu allen Bereichen des Riffs anzutreffen. Bei dem dunkelbraunen Exemplar mit der cremefarbenen Bauchseite (Insert) handelt es sich wahrscheinlich um eine Farbvariante. Die Art ist niemals mit Sand bedeckt wie zahlreiche andere Seegurkenarten.

The pink sea cucumber can be found in almost all reef areas. The dark-blue species with cream-coloured abdomen is probably a colour variation. This species is never covered with sand like many other sea cucumber species.

Schwarzspitzen-Seegurke – Blacktip sea cucumber – *Holothuria pervicax*

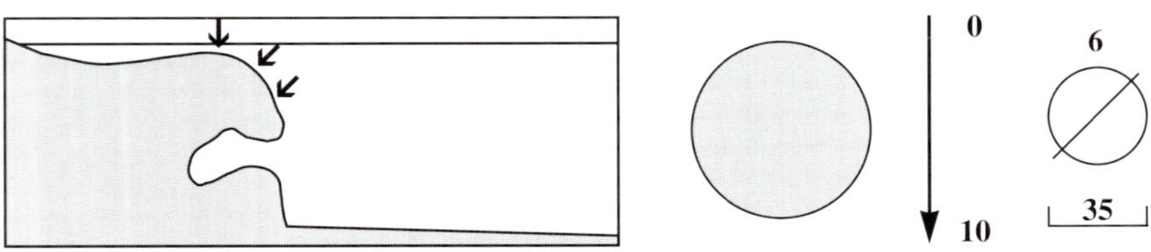

Die Färbung der Schwarzspitzen-Seegurke schwankt von grau bis gelb-braun. Sie ist aber an ihren namensgebenden schwarzen Spitzen gut zu erkennen. Den Tag verbringt sie meist versteckt in Spalten und unter Korallenblöcken. Sie bevorzugt Riffbereiche mit nur mäßig bewegtem Wasser.

The colour of the blacktip sea cucumber varies from grey to yellow-brown but can be identified easily by the black tip which gives it its name. During the day, it usually hides in crevices or under coral blocks. It prefers reef areas with moderate current.

oben: Rosafarbene Seegurke – Pink sea cucumber – *Holothuria edulis*
Insert: Farbvariante – color variety
unten: Schwarzspitzen-Seegurke – Blacktip sea cucumber – *Holothuria pervicax*

SEEGURKEN SEA CUCUMBERS HOLOTHUROIDEA

Rotgefleckte Seegurke – Red spotted sea cucumber – *Holothuria (turricelsa?)*

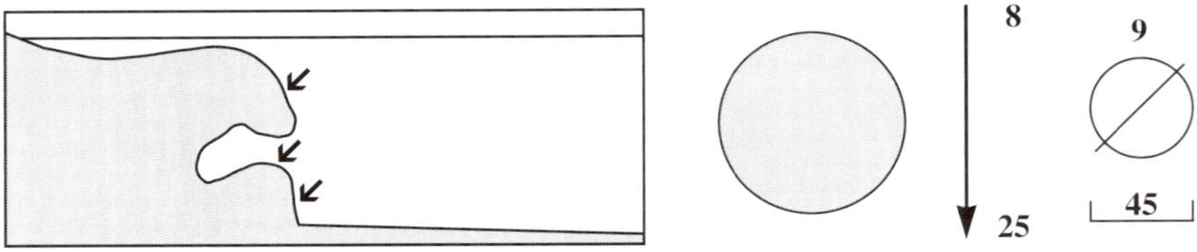

Ob es sich bei dem abgebildeten Tier tatsächlich um die erst 1980 beschriebene *Holothuria turricelsa* handelt, konnte nicht sicher geklärt werden, da zwar das Muster, nicht aber die Färbung mit den Angaben in der Literatur übereinstimmt.

Whether the animal depicted is really the *Holothuria turricelsa,* described only in 1980, cannot be entirely clarified because only the pattern and not the livery corresponds with information given in literature.

Dunkelgrüne Seegurke – Dark green sea cucumber – *Stichopus chloronotus*

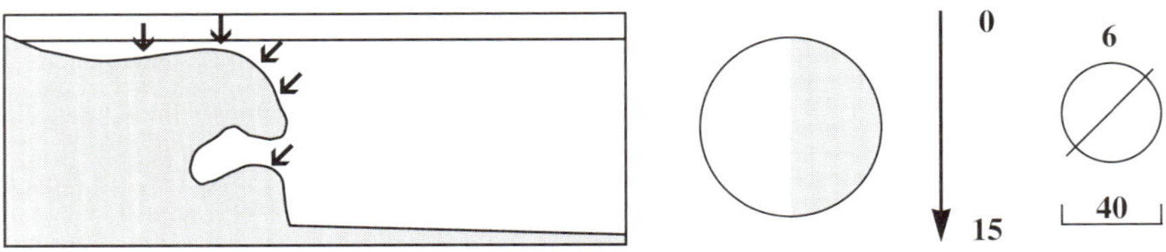

Die Dunkelgrüne Seegurke (Familie Stichopodidae) scheint auf den ersten Blick eher schwarz gefärbt zu sein. Kleine Exemplare dieser Art sind meist zwischen 0–2 m Tiefe zu finden, größere bis in 15 m Tiefe. Die Art ernährt sich von organischem Material, das sie mit ihren klebrigen Mundtentakeln vom Untergrund absammelt.

At first sight, the Dark green sea cucumber (Stichopodidae family) seems to be coloured black. Small specimen of this species can often be found in a depth of between 0 and 2 m, larger ones in depths up to 15 m. This species eats organic material which is collected from the seabed by its adhesive oral tentacles.

Rotgefleckte Seegurke – Red spotted sea cucumber – *Holothuria (turricelsa?)*

Dunkelgrüne Seegurke – Dark green sea cucumber – *Stichopus chloronotus*

SEEGURKEN SEA CUCUMBERS HOLOTHUROIDEA

Noppen-Seegurke – Bristly sea cucumber – *Stichopus horrens*

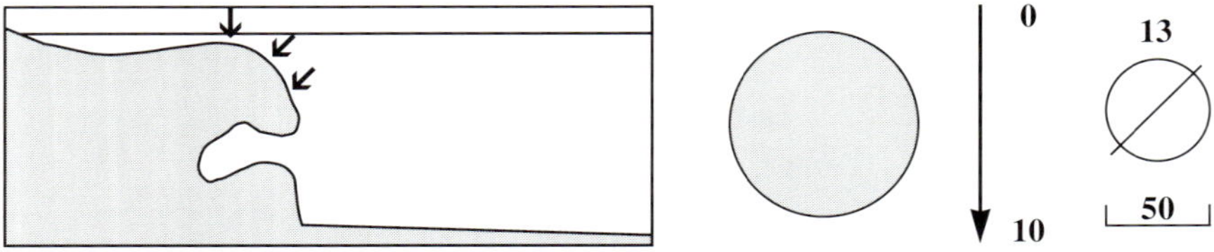

Die Noppenseegurke kann recht variabel gefäbt sein: fast einheitlich grau, gelb oder braun, sie kann aber auch wie das abgebildete Tier ein Fleckenmuster aus diesen Farben aufweisen. Sie verbringt den Tag stets gut versteckt in Spalten oder unter lebenden oder abgestorbenen Korallenblöcken.

The Bristly sea cucumber can vary considerably in colour: almost uniquely grey, yellow or brown but also, as the animal shown here, dotted with these colours. During the day it hides well in crevices or under living or dead coral blocks.

Dornen-Seegurke – Thorny sea cucumber – *Stichopus pseudhorrens*

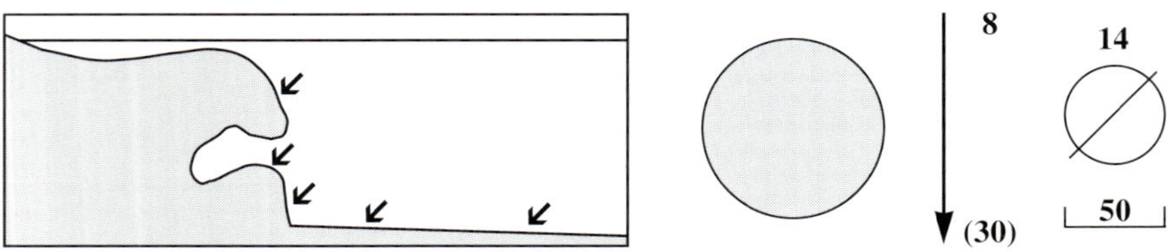

Ihren Namen hat die Art von dornähnlichen Ausstülpungen, die während ihrer Aktivitätsphase in der Nacht wie mehrere Zentimeter lange Dornen vom Körper abstehen. Anders als viele andere Seegurkenarten versteckt sich die Dornen-Seegurke tagsüber nicht. Am Tage liegen aber ihre „Dornen" entweder schlaff am Körper an oder sind ganz oder teilweise eingezogen (Foto).

This species received its name because of the thorn-like projections which, during its nocturnal activities, stick out from its body like spines several centimetre long. In contrast to other sea cucumber species, the Thorny sea cucumber does not hide during the day. But during the day, its "thorns" are either loose on its body or partly inverted (photo).

Noppen-Seegurke – Bristly sea cucumber – *Stichopus horrens*

Dornen-Seegurke – Thorny sea cucumber – *Stichopus pseudhorrens*

SEEGURKEN SEA CUCUMBERS HOLOTHUROIDEA

Punktierte Seegurke – Variegated sea cucumber – *Stichopus variegatus*

Wie auch bei zahlreichen anderen Seegurkenarten kann man auf der Punktierten Seegurke regelmäßig Jungtiere der Imperator-Partnergarnele *Periclimenes imperator* entdecken. Das Insert zeigt eine kleine, nicht näher bestimmte Schnecke, die parasitisch auf dieser Art und auch anderen Seegurken lebt.

As on numerous other sea cucumber species, one can also find juvenile Emperor partner shrimps *(Periclimenes imperator)* on the Variegated sea cucumber. The insert depicts a small unidentified snail which lives on this species as well as on other sea cucumbers.

Ananas-Seegurke – Pineapple sea cucumber – *Thelenota ananas*

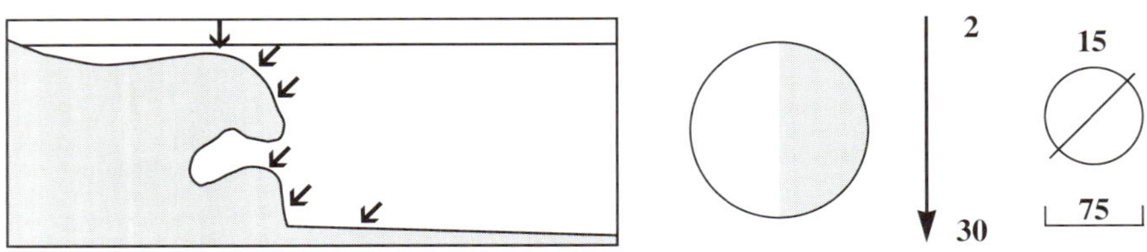

Die Ananas-Seegurke (Familie Stichopodidae) dient, wie auch andere Arten, oft Eingeweidefischen *Carapus sp.* (Familie Carapidae), die als Parasit in den Wasserlungen und der Leibeshöhle von verschiedenen Seegurkenarten lebt, als Wirt. Auf der Körperunterseite der Art leben gelegentlich ein oder mehrere Borstenwürmer, die der Seegurke als Kommensale keinen Schaden zufügen.

The Pineapple sea cucumber (Stichopodidae family) serves, like other species, as host for Pearl fish *(Carapus sp.)* (Carapidae family) which live as parasites in the water lungs and body cavities of various sea cucumbers. On the underside of its body one or several bristle worms often live which, as commensals, do not damage the sea cucumber.

Punktierte Seegurke – Variegated sea cucumber – *Stichopus variegatus*

Ananas-Seegurke – Pineapple sea cucumber – *Thelenota ananas*

SEEGURKEN SEA CUCUMBERS HOLOTHUROIDEA

Klebrige Schlangenseegurke – Sticky snake sea cucumber – *Synapta maculata*

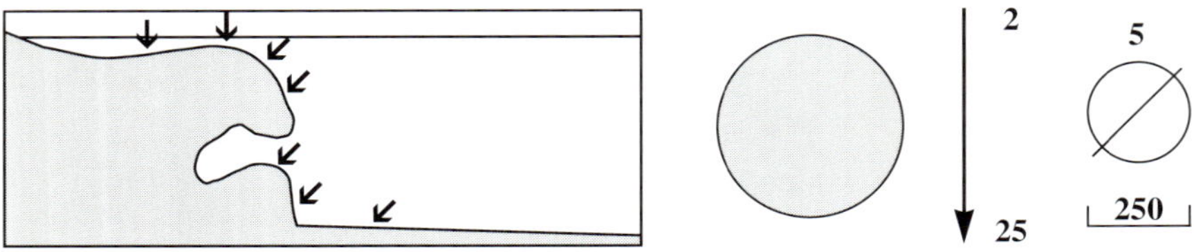

Die Art hält sich meist auf Sand- oder Schlickflächen im Riff auf. Auf ihr lebt gelegentlich die Imperator-Partnergarnele *Periclimens imperator*. Das Insert zeigt die Riesen-Schlangenseegurke *Polyplectana kefersteini* (Giant snake sea cucumber), die laut Literatur bis 3 m lang werden soll.

This species lives mostly on sandy and silty reef areas. The Emperor partner shrimp *(Periclimens imperator)* sometimes settles on this sea cucumber. The insert depicts the Giant snake sea cucumber *(Polyplectana kefersteini)* which, according to literature, can reach a length of up to 3 m.

Zwerg-Schlangenseegurke – Pygmy snake sea cucumber – *Synaptula media*

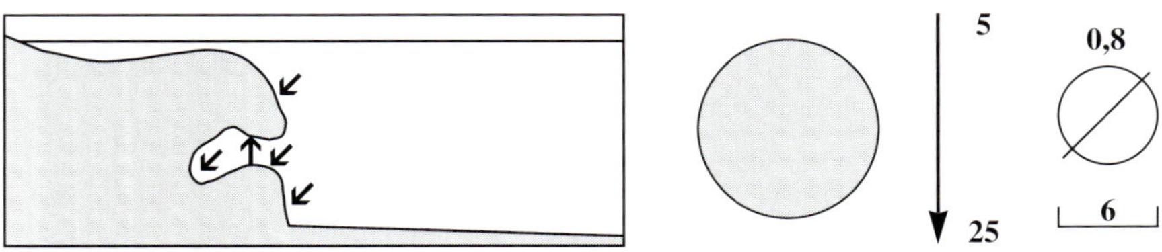

Die Zwerg-Schlangenseegurke ist meist auf verschiedenen Schwämmen, seltener auch auf Algen anzutreffen, wo sie mitunter zu Hunderten zu finden ist. Auf den Malediven scheint diese kleine, aber attraktiv gefärbte Art vergleichsweise selten zu sein.

The Pygmy snake sea cucumber can mostly be found on various sponges, sometimes also on algae, where it sometimes settles in groups of hundreds. In the Maldives, this small but attractive coloured species seems to be comparatively rare.

oben: Klebrige Schlangenseegurke – Sticky snake sea cucumber – *Synapta maculata*
Insert: Riesen-Schlangenseegurke – Giant snake sea cucumber – *Polyplectana kefersteini*
unten: Zwerg-Schlangenseegurke – Pygmy snake sea cucumber – *Synaptula media*

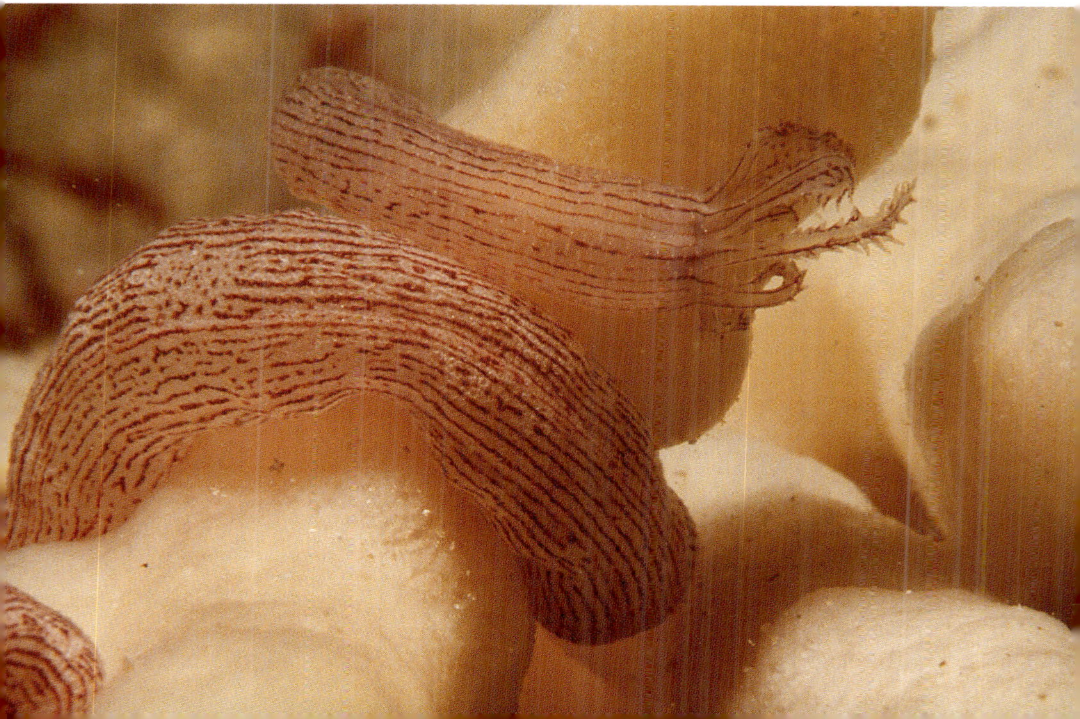

MANTELTIERE TUNICATES TUNICATA

Namensgebend für den rein marinen Tierstamm ist eine zelluloseähnliche Hautabscheidung, die je nach Art eine gallertige, knorpelige oder ledrige Konsistenz haben kann und den Körper schützend umgibt, der sogenannte Mantel (= Tunica).

Neben den beiden freischwimmenden Klassen der Appendicularia und den Salpen (Thaliacea), die zusammen nur ca. 100 Arten umfassen, ist die Klasse der Seescheiden mit rund 2.000 Arten die bedeutendste der 3 Klassen der Manteltiere. Bei den Manteltieren handelt es sich um die nächsten Verwandten der Wirbeltiere. Man findet bei ihnen die Vorstufe der Wirbelsäule, einen elastischen, knorpeligen Stab, der als Chorda bezeichnet wird und bei Seescheiden nur bei deren freischwimmenden Larven zu finden ist.

The purely marine animal phylum took its name from the cellulose skin excretion which can, depending on species, have a gelatinous, cartilaginous or leathery consistency and protectively surrounds the body, the so-called tunic (= tunica).

Besides both free-swimming Appendicularia and Salps (Thaliacea) classes, which together only number approximately 100 species, the class of Sea squirts, with around 2,000 species, is the most important of these three Tunicate classes. Tunicates are the nearest relatives of vertebrates. They have a preliminary stage of a vertebral column, an elastic, cartilaginous rod called Notochord which sea squirts have only in the free-swimming larvae-stage.

SEESCHEIDEN SEA SQUIRTS ASCIDIA

Die genaue Artbestimmung von Seescheiden ist recht problematisch, da es praktisch keine zur Bestimmung geeignete Literatur über die Arten der Malediven gibt. Aus diesem Grund soll auf den folgenden Seiten wenigstens eine kleine Übersicht über die Farben- und Formenvielfalt der Seescheiden der Malediven gegeben werden.

With Sea squirts, an exact identification of species is very problematic because no suitable literature exists to identify Maldivian species. On the following pages we therefore want to give at least a small overview of the many and diverse colours and shapes of Maldivian sea squirts.

oben: unbest. Salpe – unidentified salp
unten: unbest. Seescheide (gelb) mit Rosafarbener Seescheidenkolonie – unidentified sea squirt (yellow) with Pink didemnum – *Didemnum moseleyi*

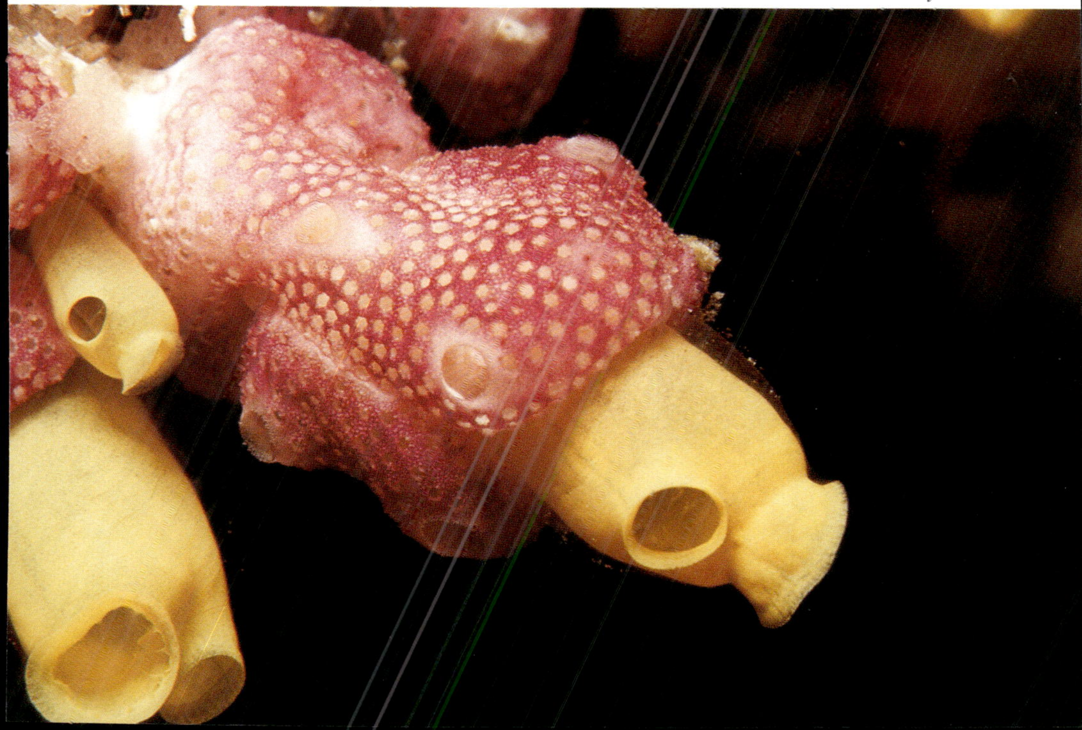

SEESCHEIDEN SEA SQUIRTS ASCIDIA

Bei Seescheiden handelt es sich durchweg um festsitzende Tiere, die je nach Art einzeln, in Gruppen oder in Kolonien vorkommen. Bei den koloniebildenden Arten kann man zwei Gruppen unterscheiden. Zur ersten Gruppe, den sozialen Ascidien, gehören Arten, die nur an ihrer Basis durch Ausläufer mit anderen Individuen der Kolonie in Kontakt stehen, wobei die Verdauungssysteme der einzelnen Tiere miteinander verbunden sind. Bei den Vertretern der zweiten Gruppe, den sogenannten Synascidien, sind dagegen alle Einzeltiere einer Kolonie (Zoide) von einem gemeinsamen Mantel umgeben, ohne daß jedoch die Verdauungssysteme der Einzeltiere miteinander verbunden sind. Die Ausströmöffnungen je einer Gruppe von Einzeltieren münden in einer gemeinsamen Öffnung. Um diese herum sind die Einströmöffnungen in einem oft artspezifischen Muster angeordnet.
Wie bei Schwämmen handelt es sich bei Seescheiden um Filtrierer, die aktiv einen Wasserstrom erzeugen können. Sie besitzen jedoch je eine Ein- und Ausströmöffnung pro Tier, während bei den Schwämmen zahllose Poren als Einströmöffnungen dienen und zahlreiche Ausströmöffnungen vorhanden sind. Solitär lebende Seescheiden unterscheiden sich außerdem durch ihre Fähigkeit, auf Reize reagieren zu können, indem sie sich zusammenziehen.

All sea squirts are sessile animals which, depending on species, occur singly, in groups or colonies. With colony-developing classes one can distinguish two species. To the first class, the social Ascidians, belong those species which are only connected at their base with runners to other species of the colony whilst the digestive system of individual animals is interlinked. In contrast, with species of the second class, the so-called Synascidians, all individual animals of a colony (Zooids) are surrounded by a communal tunic without an interlinkage of their digestive system. The exhalant apertures of each group lead to a joint aperture. Around this aperture are inhalants, arranged in a species specific pattern.
Sea squirts are, like sponges, filter-feeders which can actively generate water current. Each animal has an exhalant and inhalant aperture whilst sponges have numerous pores which serve as inhalants, and several exhalants. Additionally, singly living sea squirts differ in their ability to react to stimuli – they contract themselves.

Versch. unbest. koloniebildende Seescheidenarten –
different unidentified colonial species of sea squirts

SEESCHEIDEN SEA SQUIRTS ASCIDIA

Der in den Körper gerichtete Wasserstrom wird durch das unermüdliche Schlagen feiner Wimpern in der Einströmöffnung erzeugt. Das eingestrudelte Wasser und mit ihm feine organische Nahrungspartikel und gelöster Sauerstoff gelangen in den für Manteltiere charakteristischen Kiemendarm. Es handelt sich hierbei um einen stark vergrößerten Abschnitt des Darmes, der der Atmung und der Nahrungsaufnahme dient. Das verbrauchte Wasser gelangt in einen Körperhohlraum, den Peribranchialraum, und verläßt dann den Körper wieder durch die oft etwas seitlich gelegene Ausströmöffnung. In den Peribranchialraum münden auch der Enddarm und die Geschlechtsorgane der meist zwittrigen Tiere, so daß sowohl die Exkrete als auch die Geschlechtsprodukte durch den Wasserstrom ausgespült werden.

The water flow, running through their bodies, is generated through the constant beating of their fine cilia. The water siphoned in with fine organic food particles and dissolved oxygen is transported into the pharynx, characteristic of tunicates.

It is a strongly enlarged intestine which is used for respiration and food intake. The used water is taken into a body cavity, the Peribranchial cavity, and released through an exhalant which is often located at the side. The colon and genitals of the mostly hermaphrodite animals also lead into the Peribranchial cavity to ensure that excretion and sexual products are rinsed out by water.

oben, unten und linke Seite: versch. unbest. solitäre Seescheidenarten –
different unidentified solitary sea squirts

SEESCHEIDEN SEA SQUIRTS ASCIDIA

Grüne Riffseescheidenkolonie – Green reef didemnum – *Didemnum molle*

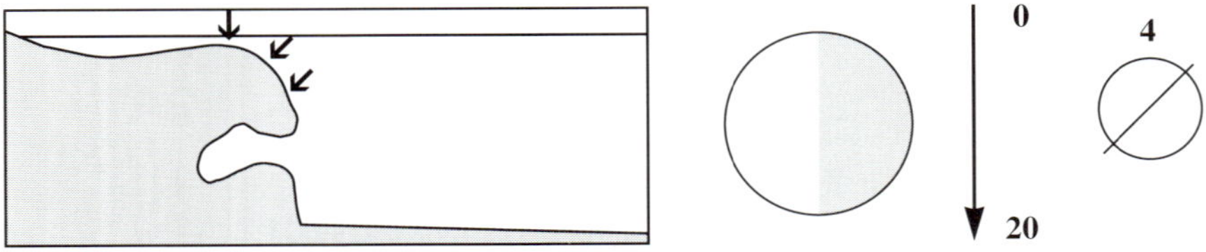

Diese Art ist meist auf abgestorbenen Korallenblöcken in gut besonnten Riffabschnitten zu finden. Bei den einzelnen „Kugeln“ handelt es sich nicht um Einzeltiere, sondern jeweils um eine Kolonie von Seescheiden mit zahlreichen kleinen Einströmöffnungen der Einzeltiere und einer einzigen großen, gemeinsamen Ausströmöffnung für die gesamte Kolonie.

This species can mostly be found on dead coral blocks of sunny reef sections. Individual "globes" are not individual animals but colonies of sea squirts with numerous small inhalants of individual animals and a single, large, communal exhalant for the entire colony.

Orangefarbene Seescheidenkolonie – Orange didemnum – *Didemnum sp.*
Rosafarbene Seescheidenkolonie – Pink didemnum – *Didemnum moseleyi*

Die nicht näher bestimmte Orangefarbene Seescheidenkolonie bildet stets nur 1–2 cm große Kolonien, die meist in Gruppen auf harten Untergründen siedeln. Die Rosafarbene Seescheidenkolonie dagegen überwuchert vor allem Gorgonien, Hydrozoen-Kolonien, andere Seescheiden (siehe Seite 255) und vieles mehr. Die Kolonien können ineinander übergehen und größere Flächen bedecken.

The unidentified Orange didemnum always form colonies of 1 to 2 am in size which settle mostly in groups on solid ground. In contrast, the Pink didemnum overgrows sea fans in particular, hydroid colonies and other sea squirts (read page 255) etc. Colonies can overlap and cover large areas.

oben: Grüne Riffseescheidenkolonie – Green reef didemnum – *Didemnum molle*
unten: Orangefarbene Seescheidenkolonie – Orange didemnum – *Didemnum sp.*
Insert: Rosafarbene Seescheidenkolonie – Pink didemnum – *Didemnum moseleyi*

Literaturnachweis – Bibliography

- Allen, G. R. und Roger Steene: Indo-Pacific Coral Reff Field Guide. Tropical Reef Research. 1994
- Anderson, R. C.: Living Reefs of the Maledives. Novelty Printers and Publishers. Male
- Baensch, A. und H. Debelius: Meerwasseratlas. Mergus Verlag, Melle 1992
- Baumeister, Werner: Farbatlas Meeresfauna. Niedere Tiere. Rotes Meer, Indischer Ozean (Malediven). Stuttgart 1993
- Coleman, Nevile: Encyclopedie of Marine Animals. Angus and Robertson, Pymble 1991
- Debelius, H.: Gepanzerte Meeresritter. Kernen Verlag. Essen 1983
- Eichler, D.: Tropische Meerestiere. BLV. München 1991
- Fautin, D. G. und G. R. Allen: Anemonenfische und ihre Wirte. Tetra-Verlag 1994
- Göthel, Helmut: Farbatlas Mittelmeerfauna. Niedere Tiere und Fische. Verlag Eugen Ulmer, Stuttgart 1992
- Göthel, Helmut: Farbatlas Meeresfauna. Fische. Rotes Meer, Indischer Ozean (Malediven). Verlag Eugen Ulmer, Stuttgart 1994
- Guille, A., P. Laboute und Jean-Louis Menou: Guide des étoiles de mer, oursins et autres échinodermes du lagon de Nouvelle-Caledonie. Éditions de l´ORSTOM. Paris 1986
- Matthes, Dieter: Tiersymbiosen und ähnliche Formen der Vergesellschaftung. Gustav Fischer Verlag. Stuttgart, New York 1978.
- Mebs, Dietrich: Gifttiere. Wissenschaftliche Verlagsgesellschaft. Stuttgart 1992
- Nahke, Peter und Peter Wirtz: Unterwasserführer Melediven - Fische. Verlag Stephanie Naglschmid. Stuttgart 1992
- Schmid, P. und D. Paschke: Unterwasserführer Rotes Meer. Niedere Tiere. Verlag Stephanie Naglschmid, Stuttgart 1987
- Pillay, C. S. G. und Georg Scheer: Report on the Stony Corals from the Maledives. Zoologica, Band 43, Heft 126. Schweizerbart´sche Verlagsbuchhandlung, Stuttgart 1976
- Vine, P.: Red Sea Invertebrates. Immel Publishing, London 1986
- Walker, Monique: Malediven – Tauchen – Sehen – Erleben. Verlag Stephanie Naglschmid. Stuttgart 1994

Index Deutsch

Index Englisch

Index Wissenschaftlich

Delius Klasing
EDITION NAGLSCHMID

Unterwasserführer

PETER SCHMID/DIETMAR PASCHKE
Unterwasserführer
Rotes Meer – Niedere Tiere
Band 1
ISBN 3-89594-022-4

HELMUT DEBELIUS
Unterwasserführer
Rotes Meer – Fische
Band 2
ISBN 3-89594-021-6

PETER NAHKE/PETER WIRTZ
Unterwasserführer
Malediven – Fische
Band 3
ISBN 3-925342-59-1

HORST MOOSLEITNER/ROBERT PATZNER
Unterwasserführer
Mittelmeer – Niedere Tiere
Band 4
ISBN 3-89594-000-3

PETER WIRTZ/PETER NAHKE
Unterwasserführer
Karibik – Fische
Band 5
ISBN 3-927913-26-X

HORST MOOSLEITNER/ROBERT PATZNER
Unterwasserführer
Mittelmeer – Fische
Band 6
ISBN 3-89594-001-1

BERND HUMBERG
Unterwasserführer
Europäische Binnengewässer
Band 7
ISBN 3-927913-44-8

PETER WIRTZ
Unterwasserführer
Madeira/Kanaren/Azoren – Fische
Band 8
ISBN 3-927913-29-4

PETER WIRTZ
Unterwasserführer
Madeira/Kanaren/Azoren – Niedere Tiere
Band 9
ISBN 3-89594-014-3

BERND HUMBERG
Unterwasserführer
Karibik – Niedere Tiere
Band 10
ISBN 3-89594-013-5

HELMUT GÖTHEL
Unterwasserführer
Malediven – Niedere Tiere
Band 11
ISBN 3-89594-015-1

Erhältlich im Buch- und Fachhandel